应用型本科院校计算机类专业校企合作实训系列教材

C语言程序设计实验指导

主　编　王　燕
副主编　曹　晨

南京大学出版社

应用型本科院校计算机类专业校企合作实训系列教材编委会

主 任 委 员：刘维周

副主任委员：张相学　徐　琪　杨种学（常务）

委　　　员（以姓氏笔画为序）：

王小正　王江平　王　燕　田丰春　曲　波

李　朔　李　滢　闵宇峰　杨　宁　杨立林

杨蔚鸣　郑　豪　徐家喜　谢　静　潘　雷

序　言

在当前的信息时代和知识经济时代，计算机科学与信息技术的应用已经渗透到国民生活的方方面面，成为推动社会进步和经济发展的重要引擎。

随着产业进步、学科发展和社会分工的进一步精细化，计算机学科新知识、新领域层出不穷，多学科交叉与融合的计算机学科新形态正逐渐形成。2012年，国家教育部公布的《普通高等学校本科专业目录（2012年）》中将计算机类专业分为计算机科学与技术、软件工程、网络工程、物联网工程、信息安全、数字媒体技术等专业。

随着国家信息化步伐的加快和我国高等教育逐步走向大众化，计算机类专业人才培养不仅在数量的增加上也在质量的提高上对目前的计算机类专业教育提出更为迫切的要求。社会需要计算机类专业的教学内容的更新周期越来越短，相应的，我国计算机类专业教育也将改革的目标与重点聚焦于如何培养能够适应社会经济发展需要的高素质工程应用型人才。

作为应用型地方本科高校，南京晓庄学院计算机类专业在多年实践中，逐步形成了陶行知"教学做合一"思想与国际工程教育理念相融合的独具晓庄特色的工程教育新理念。学生在社会生产实践的"做"中产生专业学习需求和形成专业认同，在"做"中增强实践能力和创新能力，在"做"中生成和创造新知识，在"做"中涵养基本人格和公民意识；同时学生应遵循工程教育理念，标准地"做"，系统地"做"，科学地"做"，创造地"做"。

实训实践环节是应用型本科院校人才培养的重要手段之一，是应用型人才培养目标得以实现的重要保证。当前市场上一些实训实践教材导向性不明显，可操作性不强，系统性不够，与社会生产实际联系不紧密。总体上来说没有形成系列，同一专业的不同实训实践教材重复较多，且教材之间的衔接不够。

《教育部关于"十二五"普通高等教育本科教材建设的若干意见（教高［2011］05号）》要求重视和发挥行业协会和知名企业在教材建设中的作用，鼓励行业协会和企业利用其具有的行业资源和人才优势，开发贴近经济社会实际的教材和高质量的实践教材。南京晓庄学院计算机类专业积极开展校企联合实训实践教材建设工作，与国内多家知名企业共同规划建设"应用型本科院校计算机类专业校企合作实训系列教材"。

本系列教材是在计算机学科和计算机类专业课程体系建设基本成熟的基础上，参考《中国计算机科学与技术学科教程 2002》（China Computing Curricula 2002，简称 CCC2002）并借鉴 ACM 和 IEEE CC2005 课程体系，经过认真的市场调研，由我校优秀教学科研骨干和行业企业专家通力合作而成的,力求充分体现科学性、先进性、工程性。

本系列教材在规划编写过程中体现了如下一些基本组织原则和特点。

1. 贯彻了"大课程观"、"大教学观"和"大工程观"的教学理念。教材内容的组织和案例的甄选充分考虑了复杂工程背景和宏大工程视野下的工程项目组织、实施和管理,注重强化具有团队协作意识、创新精神等优秀人格素养的卓越工程师的培养。

2. 体现了计算机学科发展趋势和技术进步。教材内容适应社会对现代计算机工程人才培养的需求,反映了基本理论和原理的综合应用,反映了教学体系的调整和教学内容的及时更新,注重将有关技术进步的新成果、新应用纳入教材内容,妥善处理了传统知识的继承与现代工程方法的引进。

3. 反映了计算机类专业改革和人才培养需要。教材规划以2012年教育部公布的新专业目录为依据,正确把握了计算机类专业教学内容和课程体系的改革方向。在教材内容和编写体系方面注重了学思结合、知行合一和因材施教,强化了以适应社会需要为目标的教学内容改革,由知识本位转向能力本位,体现了知识、能力、素质协调发展的要求。

4. 整合了行业企业的优质技术资源和项目资源。教材采用校企联合开发和建设的模式,充分利用行业专家、企业工程师和项目经理的项目组织、管理、实施经验的优势,将企业实际实施的工程项目分解为若干可独立执行的案例,注重了问题探究、案例讨论、项目参与式教育教学方式方法的运用。

5. 突出了应用型本科院校基本特点。教材内容以适应社会需要为目标,突出"应用型"的基本特色,围绕培养目标,以工程应用为背景,通过理论与实践相结合,重视学生的工程应用能力的培养,增强学生的技能的应用。

相信通过这套"应用型本科院校计算机类专业校企合作实训系列教材"的规划出版,能够在形式上和内容上显著提高我国应用型本科院校计算机类专业实践教材的整体水平,继而提高计算机类专业人才的培养质量,培养出符合经济社会发展需要和产业需求的高素质工程应用型人才。

李洪天

南京晓庄学院党委书记　教授

前 言

程序设计语言的学习和掌握一般包含三个层面,首先是要理解程序设计语言的语法和语义;其次,通过上机掌握编辑、编译、链接、跟踪、调试程序等方面的技巧;最后还要熟悉语言编译系统提供的库函数或类库,便于快速实现程序的设计和开发。C语言的学习和熟练掌握也是如此。

上机实验是学习和掌握C语言上述三个层面重要的有效途径。C语言的语法较为复杂和灵活,如果只通过课堂讲授,初学者既感到枯燥无味,又难以牢记。实践表明,初学者可通过若干次的上机操作就能熟练掌握相关语法规定,而且记忆深刻。真正优秀的程序员毫无例外都是在机器上"摸爬滚打"出来的,C语言的创始人Dennis M. Ritchie就是如此,C++的创始人Bjarne Stroustrup更是如此。因此,C语言的初学者要重视实践,多进行上机实验。

目前,C语言程序设计的大部分实验教材都是以大量习题的形式出现,而且习题间的关联度也不高,初学者的软件设计思维、软件工程思想和实际操作经验难以得到有效的锻炼,往往只能编写出几十行代码的程序。与之对比,本书以项目驱动和案例分析为主体内容,章节编排上从易到难,循序渐进,即从第1个实验开始,将单个项目逐步分解,每一个实验添加一部分功能,直到第9个实验才完成整个项目,这样有利于培养初学者的软件设计思维。最后一个实验针对单个具体案例,以软件工程的思想详细分析了软件开发的全过程,包括需求分析、概要设计、详细设计、开发以及测试等。此外,每个实验还采用分层结构设计,便于初学者接受。

本书共10个实验,分别为简单程序设计、顺序程序设计、选择程序设计、循环程序设计、数组的应用、函数的应用、指针的应用、结构体的应用、文件的应用和电话薄管理系统的设计与实现。

从第1个实验开始到第9个实验,每个实验在内容上分为基础篇、应用篇和提高篇三个部分。基础篇主要以程序分析题和程序完善题的形式出现,着重让初学者掌握C语言的基本语法,为本实验的剩余部分做准备。应用篇以一个信息管理系统——学生成绩管理系统贯穿所有实验。从第1个实验开始到第9个实验,由零开始逐步建立和完善该系统。这样有利于帮助初学者深入理解C语言的各项知识点,熟练掌握C语言程序设计的原理和方法,并能熟悉软件开发的方法和技巧。提高篇则以编程题的形式出现,目的在于进一步提高初学者的独立编程设计能力。第10个实验综合运用前面所学的知识开发一个项目——电话薄管理系统,该项目用软件工程方法,详细说明软件开发的全过程。这样有利于提高初学者运用所学理论知识进行实践开发的能力,同时也能够有效地培养初学者的动手能力、综合分析能力和独立完成工作的能力。

  本书的第1—9个实验的基础篇及附录1由曹晨编写，第10个实验由东软集团于庆源等人编写，王燕做部分修改，其余部分由王燕编写。在本书的编写和校订过程中，杨种学和东软集团给予了很多帮助和指导，在此深表感谢！

  本书可作为高等院校计算机及相关专业的《C语言程序设计》和《C语言课程设计》课程实验教材或参考书。由于时间仓促，本书难免会出现一些错误或不足的地方，希望读者在使用的过程中提出宝贵的意见和建议，以便今后逐步加以完善。本书还提供一些电子资源，如有需要，请联系我们，我们的联系方式如下：

  电子邮件：wangyan0622@163.com，ccread@163.com

  联系电话：025—86178280

  联系地址：江苏省南京市江宁区弘景大道3601号

  邮政编码：211171

目　录

实验1　简单程序设计 …………………………………………………………………… 1
　　1.1　实验目的 ……………………………………………………………………… 1
　　1.2　预备知识 ……………………………………………………………………… 1
　　1.3　实验内容 ……………………………………………………………………… 1
　　1.4　常见错误 ……………………………………………………………………… 3
实验2　顺序结构程序设计 ……………………………………………………………… 4
　　2.1　实验目的 ……………………………………………………………………… 4
　　2.2　预备知识 ……………………………………………………………………… 4
　　2.3　实验内容 ……………………………………………………………………… 4
　　2.4　常见错误 ……………………………………………………………………… 6
实验3　选择结构程序设计 ……………………………………………………………… 7
　　3.1　实验目的 ……………………………………………………………………… 7
　　3.2　预备知识 ……………………………………………………………………… 7
　　3.3　实验内容 ……………………………………………………………………… 8
　　3.4　常见错误 ……………………………………………………………………… 10
实验4　循环结构程序设计 ……………………………………………………………… 11
　　4.1　实验目的 ……………………………………………………………………… 11
　　4.2　预备知识 ……………………………………………………………………… 11
　　4.3　实验内容 ……………………………………………………………………… 12
　　4.4　常见错误 ……………………………………………………………………… 14
实验5　数组的应用 ……………………………………………………………………… 15
　　5.1　实验目的 ……………………………………………………………………… 15
　　5.2　预备知识 ……………………………………………………………………… 15
　　5.3　实验内容 ……………………………………………………………………… 16
　　5.4　常见错误 ……………………………………………………………………… 19
实验6　函数的应用 ……………………………………………………………………… 20
　　6.1　实验目的 ……………………………………………………………………… 20
　　6.2　预备知识 ……………………………………………………………………… 20
　　6.3　实验内容 ……………………………………………………………………… 21
　　6.4　常见错误 ……………………………………………………………………… 25
实验7　指针的应用 ……………………………………………………………………… 26
　　7.1　实验目的 ……………………………………………………………………… 26

7.2 预备知识 ··· 26
7.3 实验内容 ··· 27
7.4 常见错误 ··· 30
实验 8 结构体的应用 ··· 31
8.1 实验目的 ··· 31
8.2 预备知识 ··· 31
8.3 实验内容 ··· 33
8.4 常见错误 ··· 36
实验 9 文件的应用 ··· 37
9.1 实验目的 ··· 37
9.2 预备知识 ··· 37
9.3 实验内容 ··· 38
9.4 常见错误 ··· 41
实验 10 电话薄管理系统的设计与实现 ··· 42
10.1 主要内容 ··· 42
10.2 核心知识点 ·· 42
10.3 重点难点 ··· 42
10.4 背景知识 ··· 42
10.5 项目设计及准备 ·· 43
10.6 项目实施 ··· 43
10.7 项目小结 ··· 64
10.8 项目体会 ··· 64
附录 1 VC++6.0 环境介绍 ··· 66
附录 2 Linux 下 C 语言开发环境介绍 ·· 74
附录 3 常见的编译和链接错误提示 ··· 81
参考文献 ··· 87

实验1　简单程序设计

1.1　实验目的

1. 熟悉 C 语言开发环境并掌握在该环境下如何编辑、编译、连接和运行一个 C 程序。
2. 通过运行一个简单的 C 程序过程,初步了解 C 程序的基本结构及特点。

1.2　预备知识

1. 一个 C 程序由一个或多个源程序文件组成。一个源程序文件中可以包括 3 个部分:
(1) 预处理指令,#include <stdio.h>等;
(2) 全局声明,在函数之外进行的数据声明;
(3) 函数定义,每个函数用来实现一定的功能。
2. 函数是 C 程序的主要组成部分。一个 C 程序是由一个或多个函数组成的,但有且仅有一个 main 函数,被调用的函数可以是库函数,也可以是自己编制设计的函数。
3. 一个函数包括两个部分:函数首部和函数体。
4. 程序总是从 main 函数开始执行。
5. C 程序对计算机的操作由 C 语句完成。C 程序书写格式是比较自由的,一行内可以写几个语句,一个语句也可以分写在多行上。
6. 数据声明和语句最后必须有分号。
7. C 语言本身不提供输入输出语句,输入输出操作是通过调用输入输出函数如 scanf、printf 等完成。
8. 程序应当包含适量注释,以增加程序的可读性。

1.3　实验内容

第一部分　基础篇

1. 运行下面程序,并写出运行结果。

```
#include <stdio.h>
int main()
{   printf("Good morning\n");
    printf("boys and girls! \n");
    return 0;
}
```

运行结果(注意,按照屏幕输出格式写):

第二部分 应用篇

一、实验要求

将主菜单界面输出在屏幕上。
运行程序后,其结果如下:

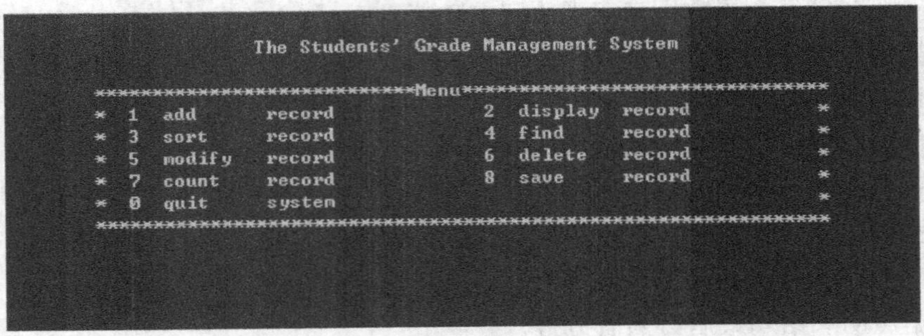

```
           The Students' Grade Management System
     ******************************Menu******************************
     *  1  add      record       2  display  record              *
     *  3  sort     record       4  find     record              *
     *  5  modify   record       6  delete   record              *
     *  7  count    record       8  save     record              *
     *  0  quit     system                                        *
     *****************************************************************
```

图 1-1 成绩管理系统主菜单

二、实验步骤

1. 在头文件 sgms1.h 添加主菜单函数 menu 的声明。
2. 将 sgms1.c 源文件补充完整,以满足主菜单界面输出要求。
3. 运行由 sgms1.h 和 sgms1.c 构成的程序。

三、实验重点和难点

1. C 程序是由一个个函数构成,当一个函数调用另一个函数时,需要对被调函数作声明。

2. 用户自定义的函数最好写在一个头文件中，在需要的地方用文件包含命令即可。

3. system("cls")函数的作用是清屏，它的声明在头文件 stdlib.h 中。如果是在 Linux 操作系统的 gcc 环境下，清屏用 system("clear")。

第三部分　提高篇

1. 输入两个整数，把这两个数由小到大输出。请编程实现。
2. 从键盘输入一个以秒为单位的时间值（如 10000 秒），将其转化为以时、分、秒表示的时间值并输出。请编程实现。

1.4　常见错误

1. 数据声明或语句后面缺少分号。
2. 对被调函数没有声明。
3. 没有 main 函数或者有多个 main 函数。

实验 2　顺序结构程序设计

2.1　实验目的

1. 掌握 C 语言数据类型，熟悉如何定义一个整型、字符型、实型变量。
2. 掌握数据的输入输出的方法，能正确使用各种格式控制符。
3. 掌握算术运算符和赋值运算符。

2.2　预备知识

1. 变量必须先定义后使用。
2. C 语言允许使用的数据类型有：整型、浮点型、字符型、数组类型、指针类型、结构体类型、共用体类型、枚举类型和空类型等。
3. 各种算法运算符和赋值运算符的功能、优先级和结合方向。
4. 格式输出函数 printf 的一般格式：printf(格式控制,输出表列)。格式控制符主要有：%d、%x、%o、%c、%f、%e 和%s。还可以指定数据宽度和小数位数，如：%md、%m.nf，其中 m,n 为正整数。
5. 格式输入函数 scanf 的一般格式：scanf(格式控制,输入地址表列)。例如：scanf("a=%f,b=%f,c=%f",&a,&b,&c)。

2.3　实验内容

第一部分　基础篇

1. 分析程序，并上机验证运行结果。

```
#include <stdio.h>
void main()
{
    int a=10,x=5,y=6;
    a+=a*=6;
    x=y++;
    y=++x;
    a=x+++y;
    printf("a=%d,x=%d,y=%d\n",a,x,y);
}
```

人工分析结果	
上机运行结果	

第二部分　应用篇

一、实验要求

1. 当用户选择 0 后，在屏幕上输出"You will quit, thank you for using the system!"信息，然后结束程序运行。

2. 当用户选择 1 后，进入输入记录，输入完后，显示输入结果。

运行程序后，其结果如下。

首先出现主菜单界面：

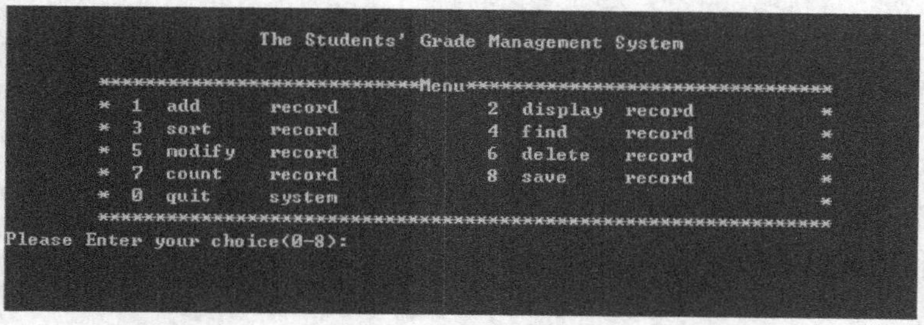

```
       The Students' Grade Management System
************************Menu************************
*    1   add      record      2   display  record  *
*    3   sort     record      4   find     record  *
*    5   modify   record      6   delete   record  *
*    7   count    record      8   save     record  *
*    0   quit     system                           *
****************************************************
Please Enter your choice(0-8):
```

图 2-1　主菜单界面

当用户输入 0 回车后，出现退出系统界面：

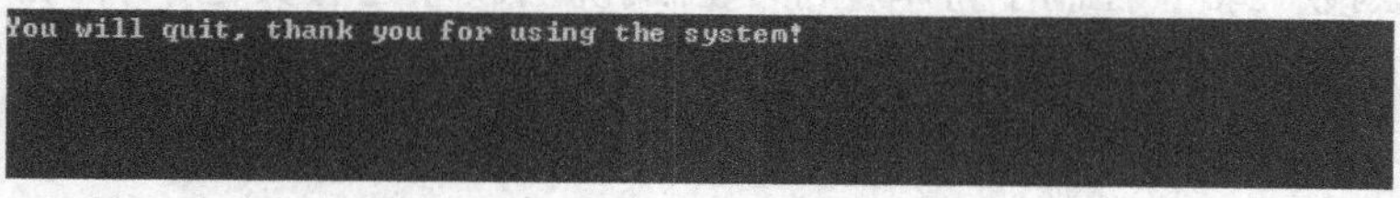

```
You will quit, thank you for using the system!
```

图 2-2　退出系统界面

当用户在主菜单界面上输入1回车后,出现输入记录界面:

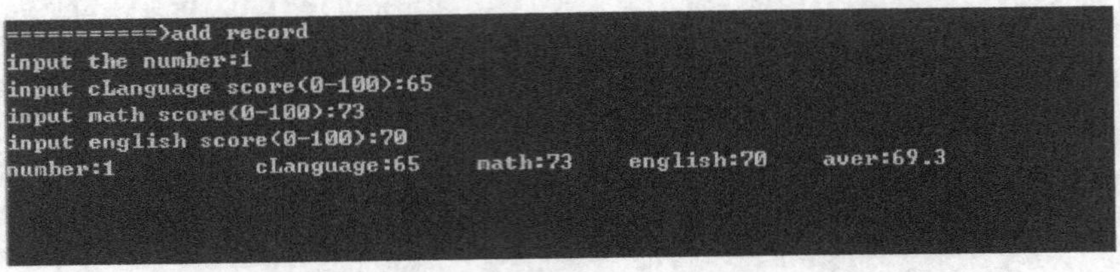

```
==========>add record
input the number:1
input cLanguage score(0-100):65
input math score(0-100):73
input english score(0-100):70
number:1          cLanguage:65     math:73     english:70     aver:69.3
```

图 2-3 输入记录界面

二、实验步骤

1. 将 quit 和 addRecord 函数的声明添加到实验提供的头文件 sgms2.h 中。
2. 将实验提供的 sgms2.c 文件的 main 函数和 addRecord 函数补充完整。
3. 运行由 sgms2.h 和 sgms2.c 构成的程序。

三、实验重点和难点

1. exit 函数功能是结束当前进程/程序运行,它的头文件也是 stdlib.h。
2. 用 scanf 和 printf 对数据进行输入输出时,不同的数据类型用不同的格式控制符。
3. scanf 函数中的格式控制后面应当是变量地址,而不是变量名。

第三部分 提高篇

1. 输入圆半径和圆柱高,求圆周长、圆面积、圆球表面积、圆球体积和圆柱体积。输入输出要有文字说明,输出结果取小数点后2位。请编程实现。
2. 输入一个年份 y,求出从公元1年1月1日到 y 年的1月1日,总共有多少天。请编程实现。

2.4 常见错误

1. 变量没有定义,直接使用。
2. 企图利用整数除以整数得到精确结果。例如 1/4 结果不是 0.25 而是 0,1/4.0 结果才是 0.25。
3. printf 和 scanf 函数中格式控制符的个数与变量或变量地址的个数不一致。
4. scanf 函数的地址表列应该是变量地址,而不是变量名。
5. scanf 函数在格式控制字符串中除了格式说明以外还有其他字符时,在输入数据时没有在对应的位置输入与这些字符相同的字符。

实验 3　选择结构程序设计

3.1　实验目的

1. 了解 C 语言表示逻辑变量的方法。
2. 学会正确使用关系运算符和逻辑运算符。
3. 熟练掌握 if 语句和 switch 语句。

3.2　预备知识

1. 各种关系运算符和逻辑运算符的功能、优先级和结合方向。
2. 最常用的 3 种 if 语句形式：
(1)　if（表达式）语句 1
(2)　if（表达式）语句 1
　　　else　语句 2
(3)　if(表达式 1)　　　语句 1
　　　else if(表达式 2)　语句 2
　　　else if(表达式 3)　语句 2
　　　　　　　⋮
　　　else if(表达式 m)　语句 m
　　　else　语句 m+1
3. if 语句的嵌套，一般形式：
　if(表达式 1)
　　if(表达式 2) 语句 1
　　else　语句 2
else
　if(表达式 3) 语句 3
　else　语句 4
　　当 else 的个数不等于 if 的个数时，注意 if-else 的配对原则。

4. switch 语句的一般形式：
   switch(表达式)
   {   case   常量1：语句1
       case   常量2：语句2
              ⋮
       case   常量n：语句n
       default   ：语句n+1
   }
在 switch 语句里，正确使用 break 语句。
5. if 语句和 switch 语句之间的转换。

3.3 实验内容

第一部分 基础篇

1. 阅读程序，上机运行并记录程序结果。

```
#include<stdio.h>
int main()
{
    float x;
    printf("x=");
    scanf("%f",&x);
    if(x>=0)
        printf("x=%f,abs(x)=%f",x,x);
    else
        printf("x=%f,abs(x)=%f",x,-x);
    return 0;
}
```

运行结果：

输入数据	人工分析结果	上机运行结果
3		
−8		

2. 分析程序，并上机验证运行结果。

```c
#include <stdio.h>
int main()
{
    int  a=1,b=2;
    switch(a)
    {
        case 1:
            switch(b)
            {
                case 1:  printf("@ @ @ @\n"); break;
                case 2:  printf("# # # #\n"); break;
            }
        case 2:
            switch(b-1)
            {
                case 1:  printf("$ $ $ $\n"); break;
                case 2:  printf(" *  *  *  *\n"); break;
            }
        default: printf("a = %d\nb = %d\n",a,b);
    }
    return 0;
}
```

人工分析结果	上机运行结果

第二部分　应用篇

一、实验要求

1. 将 sgms3.c 文件中 main 函数中的用于功能选择的 if 语句改为 switch 语句。
2. 在输入分数时，如果输入的分数在 0 到 100 之外，则输出提示信息，并等待重新输入。

输入记录界面如下:

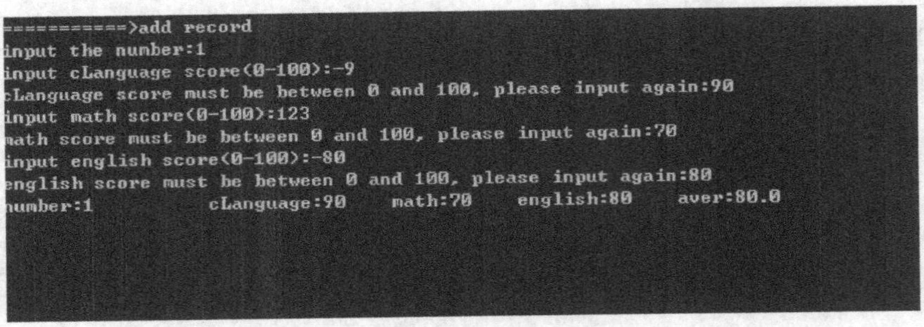

```
==========>add record
input the number:1
input cLanguage score(0-100):-9
cLanguage score must be between 0 and 100, please input again:90
input math score(0-100):123
math score must be between 0 and 100, please input again:70
input english score(0-100):-80
english score must be between 0 and 100, please input again:80
number:1          cLanguage:90      math:70      english:80      aver:80.0
```

图 3-1 输入记录界面

二、实验步骤

1. 将 sgms3.c 文件中 main 函数中的用于功能选择的 if 语句改为 switch 语句。
2. 将 sgms3.c 文件中的 addRecord 函数补充完整。
3. 运行由 sgms3.h 和 sgms3.c 构成的程序。

三、实验重点和难点

1. 注意关系运算符==和赋值运算符=的区别。
2. if 和 else 的匹配原则。
3. 在 switch 语句中正确使用 break。

第三部分 提高篇

1. 给出一个不多于 5 位的正整数,求它有几位并逆序输出各位数字。请编程实现。
2. 输入任意一个日期的年、月、日的值,判断这一天是这一年的第几天。请编程实现。

3.4 常见错误

1. 赋值运算符=和关系运算符等号=搞混。
2. 在 if 语句为复合语句时,忘记写{ }。
3. if 语句出现嵌套时,没有正确配对。
4. switch 语句中,没有正确使用 break。

实验 4 循环结构程序设计

4.1 实验目的

1. 熟练掌握循环语句中的 for 语句、while 语句和 do-while 语句的使用方法,以及这 3 种循环语句之间的转换方法。
2. 掌握编写循环结构程序的方法。

4.2 预备知识

1. while 语句的一般形式如下:
    while (表达式) 语句
  while 循环的特点是:
    先判断表达式是否为真,后执行循环体语句。
2. do-while 语句的一般形式为:
  do
    语句
  while (表达式);
  do-while 循环的特点是:
    先执行循环体语句,后判断条件表达式是否为真。
3. for 语句的一般形式为
  for(表达式 1;表达式 2;表达式 3)
    语句
  for 语句的执行过程:
(1) 先求解表达式 1;
(2) 求解表达式 2,若其值为真,执行循环体,然后执行下面第(3)步。若为假,则结束循环,转到第(5)步;
(3) 求解表达式 3;
(4) 转回上面第(2)步继续执行;
(5) 循环结束,执行 for 语句下面的一个语句。

4. 三种循环语句之间的转换。
5. 循环嵌套的正确使用。
6. 在循环中正确使用 break 和 continue 语句。

4.3 实验内容

第一部分 基础篇

1. 分析程序，写出程序功能并上机验证运行结果。

```c
#include<stdio.h>
int main()
{   int i;
    for(i=0;i<=300;i++)
        if((i%7)==0&&(i%9)==0)
            printf("%4d\n",i);
    return 0;
}
```

程序功能	
人工分析结果	上机运行结果

2. 分析程序，并上机验证运行结果。

```c
#include <stdio.h>
int main()
{   int   x=1,y=0;
    do
    {   while(x == 0)
        {   printf("y = %d\n", y);
            y++;
```

```
            if(y > 2) break;
        }
        printf("x = %d\n",x);
        if(y == 3) continue;
        x--;
    }while(! x);
    return 0;
}
```

人工分析结果	上机运行结果

第二部分 应用篇

一、实验要求

1. 实现在一次程序运行中用户能多次进行功能选择。也就是当用户完成添加或者后面实验中的显示、删除等功能后，系统又会回到主菜单，等待用户的下一次功能选择。
2. 在输入分数时，如果输入的分数在 0 到 100 之外，则等待用户重新输入，直到输入的分数在 0 到 100 之间才结束输入。

运行程序后，首先出现主菜单界面：

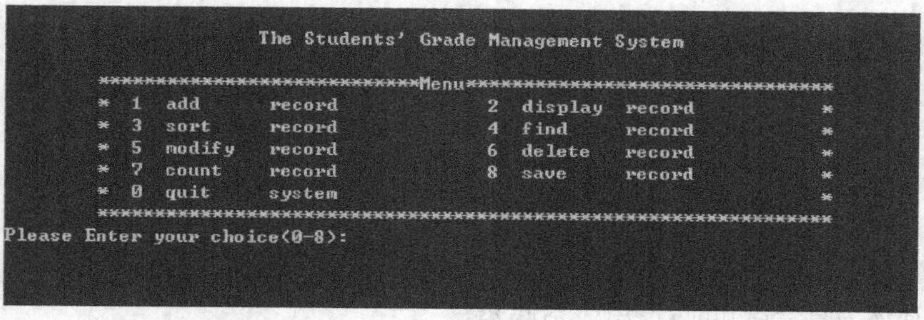

图 4-1 系统主菜单

用户输入 1 回车后，进入输入，在输入分数时，分数必须在 0～100 之间，否则需要重新输入，直到分数满足要求。

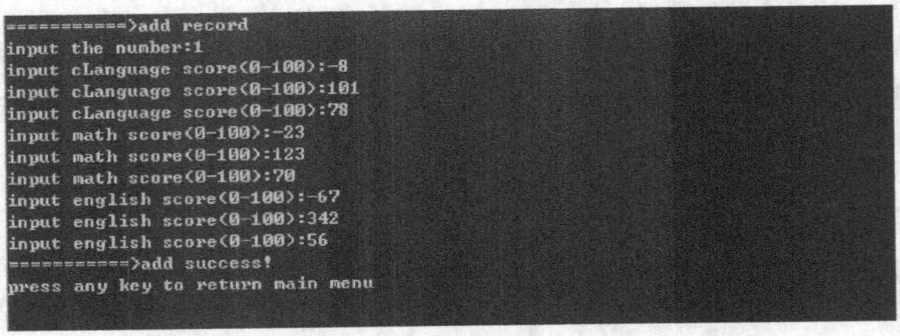

```
===========>add record
input the number:1
input cLanguage score(0-100):-8
input cLanguage score(0-100):101
input cLanguage score(0-100):78
input math score(0-100):-23
input math score(0-100):123
input math score(0-100):70
input english score(0-100):-67
input english score(0-100):342
input english score(0-100):56
===========>add success!
press any key to return main menu
```

图 4-2 输入记录界面

输入记录完后,按任意键又回到主菜单界面,见图 4-1,继续等待下一次功能选择。

二、实验步骤

1. 完善 sgms4.c 中的 main 的函数,以达到实验要求 1。
2. 将 sgms4.c 中 addRecord 函数的 while 循环改为 do-while 循环,以达到实验要求。
3. 运行由 sgms4.h 和 sgms4.c 构成的程序。

三、实验重点和难点

1. 循环结构程序的设计方法。
2. while 和 do-while 循环之间的转换方法。
3. getch 函数从键盘接收一个字符,该函数被调用后程序会暂停,等待按任意键,再继续执行后续的语句,以便我们观察中间结果。在 VC++下需要包含 conio.h 头文件,在 Linux 下需要包含头文件 curses.h。由于在 Linux 下 getch 函数还需要与其他函数配合使用才能达到上面所说的功能并且在编译时还要指定链接所使用的库文件,所以在 Linux 环境建议使用两次调用 getchar 函数来替换 getch 函数。

第三部分　提高篇

1. 将一个正整数分解为质因数。例如:20=2*2*5。请编程实现。
2. 输入任意一个年份的值,输出该年份全年的公历日历。请编程实现。

4.4　常见错误

1. 循环体为复合语句时,没用{}括起来。
2. 在 while()和 for()后面添加分号,使得循环体为空语句。
3. for 括号里的分号和逗号用错。
4. 循环嵌套时,内循环的初始条件和循环体没正确设计好。

实验 5　数组的应用

5.1　实验目的

1. 掌握一维数组和二维数组的定义和引用。
2. 掌握字符数组和字符串函数的使用。
3. 掌握与数组有关的算法(特别是排序算法)。

5.2　预备知识

1. 定义一维数组的一般形式为：
   　　类型符　数组名[常量表达式]；
2. 引用数组元素的表示形式为：
   　　数组名[下标]
   下标可以是整型常量或整型表达式。
3. 定义二维数组的一般形式为：
   　　类型符　数组名[常量表达式 1][常量表达式 2]；
4. 引用数组元素的表示形式为：
   　　数组名[下标 1][下标 2]
   下标可以是整型常量或整型表达式。
5. 求一批数据中的最大值。可采用"打擂台算法"。
   (1) 先把第一个数据的值赋给变量 max；
   (2) max 用来存放当前已知的最大值；
   (3) 第 2 个数与 max 比较，如果第 2 个数大于 max，则表示第 2 个数是已经比过的数据中值最大的，把它的值赋给 max，取代了 max 的原值；否则，max 保留原值；
   (4) 以后依此处理，最后 max 就是最大的值。
6. 起泡排序算法。起泡排序法的思路是：将相邻两个数比较，将小的调到前头。(假设由小到大排序)
   设 a[0]~a[9]中存放了 10 个需要由小到大排序的数，起泡算法核心代码如下：

```
for(j=0;j<9;j++)
    for(i=0;i<9-j;i++)
     if (a[i]>a[i+1])
       {t=a[i];a[i]=a[i+1];a[i+1]=t;}
```

7. 选择排序算法。选择排序法的思路是：n 个数排序，共需要 n 轮比较。第 i 轮比较中，找出未经排序数中最小的一个，然后与第 i 数交换。（假设由小到大排序）

设 a[0]~a[9] 中存放了 10 个需要由小到大排序的数，选择算法核心代码如下：

```
for(j=0;j<9;j++)
{
    k=j;
    for(i=j+1;i<9;i++)
        if (a[k]>a[i])
            k=i;
    if(k!=j)
     {t=a[j];a[j]=a[k];a[k]=t;}
}
```

8. C 函数库中处理字符串的函数。

5.3 实验内容

第一部分 基础篇

1. 阅读程序分析功能。

```
#include <stdio.h>                         1  2  3  4
#define M 4                                5  6  7  8
#define N 4                                9 10 11 12
int main()                                13 14 15 16
{   int i,j,s=0;
    int a[M][N]={1,2,3,4,5,6,7,8,9,10,11,12,13,14,15,16};
    for(i=0; i<=M-1; i++)
        for(j=0; j<=N-1; j++)
            if(i==0||1==3||j==0||j==3)
                s=s+a[i][j];
    printf("sum=%d\n",s);
```

```
    return 0;
}
```

程序功能	
上机运行结果	

如果将程序中 if(i==0||1==3||j==0||j==3) 改成 if(i==j),程序的功能和运行结果会怎样。

程序功能	
上机运行结果	

2. 分析程序,并上机验证运行结果。

```
#include<stdio.h>
#include<string.h>
#define N 10
int main()
{   char a[]="abc\n\0def\0";
    char b[50]="abc\b\b\b";
    char c[20]="abc\0",d[10]="def";
    printf("%d\n",strlen(a));
    printf("%d\n",strlen(b));
    printf(strcat(c,d));
    return 0;
}
```

人工分析结果	上机运行结果

第二部分　提高篇

一、实验要求

1. 将学生信息用二维数组存放。
2. 增加显示记录功能。
3. 增加排序功能，排序时按照平均成绩有小到大。

运行程序后，首先添加学生记录。设添加 3 个学生信息，他们的各科成绩分别为：1 号 30、40、80，2 号 80、60、60，3 号 60、70、70。

回到主菜单界面，如果输入 2，则显示记录，结果如下：

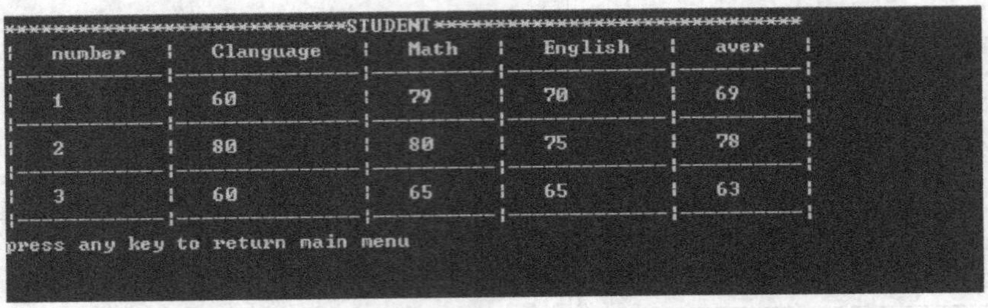

****************************STUDENT****************************

number	Clanguage	Math	English	aver
1	60	79	70	69
2	80	80	75	78
3	60	65	65	63

press any key to return main menu

图 5－1　显示记录界面

在主菜单界面，如果输入 3，则进行排序，结果如下：

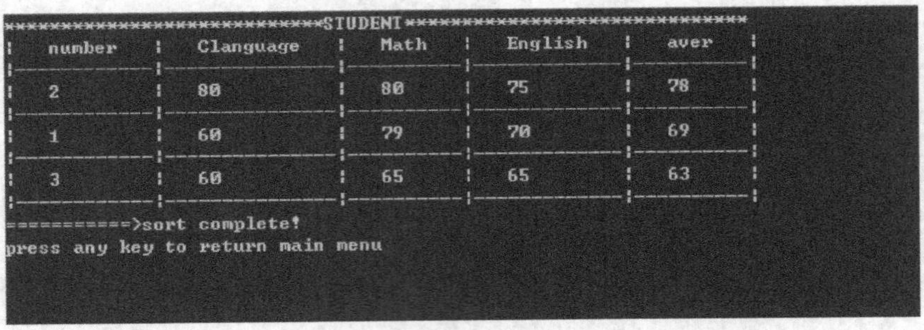

****************************STUDENT****************************

number	Clanguage	Math	English	aver
2	80	80	75	78
1	60	79	70	69
3	60	65	65	63

===========>sort complete!

press any key to return main menu

图 5－2　排序界面

二、实验步骤

1. 在 sgms5. c 中将 main 函数补充完整，完成数组定义。
2. 在 sgms5. c 中的 addRecord 函数添加代码，完成第 COUNT 个学生各科成绩输入。
3. 在 sgms5. c 中的 dispRecord 和 sortRecord 函数中添加代码，将所有学生成绩一一显示出来。
4. 将 sgms5. c 中 sortRecord 函数的选择排序法改为起泡排序法。
5. 运行由 sgms5. h 和 sgms5. c 构成的程序。

三、实验重点和难点

1. 在循环中,数组元素的引用。
2. 起泡排序法和选择排序法。

第三部分 提高篇

1. 用选择法将 n 个数排序,并用折半查找法查找某数是否在给定的数据当中。请编程实现。
2. 输入一个人民币小写金额值,转化为大写金额值输出。要求实现完善的功能,如输入 1002300.90,应该输出"壹佰万贰仟叁佰元零玖角整"。请编程实现。

5.4 常见错误

1. 数组定义时,没规定数组长度或者长度为一变量。
2. 循环中数组元素的下标没正确表示。
3. 起泡和选择排序算法没有理解透。
4. 起泡和选择排序算法中,循环的初始条件和终止条件出现错误。
5. 字符串的复制和比较直接使用赋值运算符和关系运算符。

实验 6 函数的应用

6.1 实验目的

1. 掌握函数的定义和调用方法。
2. 掌握函数实参与形参的对应关系,以及"值传递"的方式。
3. 掌握函数的嵌套调用和递归调用的方法。
4. 掌握全局变量和局部变量,动态变量以及静态变量的概念和使用方法。

6.2 预备知识

1. C 语言要求,在程序中用到的所有函数,必须"先定义,后使用"。
2. 定义有参函数的一般形式为:
    类型名 函数名(形式参数表列)
    {
        函数体
    }
    如果是无参函数,则"形式参数表列"可以没有或为 void,但括号不能省略。
3. 函数调用的一般形式为:
        函数名(实参表列);
    如果是调用无参函数,则"实参表列"可以没有,但括号不能省略。
    如果实参表列包含多个实参,则各参数间用逗号隔开。
4. 实参和形参间的数据传递。在调用函数过程中,系统会把实参的值传递给被调用函数的形参,实参和形参之间是单向值传递。
5. 函数的返回语句 return 语句。return 语句的一般形式是:
    return (表达式);
一个函数中可以有一个以上的 return 语句,被执行到的 return 语句起作用,return 语句后面的括号可以不要。
6. 函数原型的一般形式有两种:
(1) 函数类型 函数名(参数类型 1,参数类型 2,…,参数类型 n);

(2) 函数类型 函数名(参数类型 1 参数名 1,参数类型 2 参数名 2,…,参数类型 n 参数名 n)。

7. 函数的嵌套调用。在 C 程序中,函数可以嵌套调用但不能嵌套定义,也就是说,在调用一个函数的过程中,又调用另一个函数。函数嵌套调用的示意图如图 6-1。

图 6-1 函数嵌套调用

8. 函数递归调用。在调用一个函数的过程中又出现直接或间接地调用该函数本身,称为函数的递归调用。C 语言的特点之一就在于允许函数的递归调用。函数嵌套调用实际上是一种特殊的嵌套调用。函数递归调用时,要注意如何控制调用结束。

9. 用数组名作函数实参时,向形参传递的是数组首元素的地址。这样一来,可以把形参数组看作实参数组。

10. 根据变量的作用域,变量可分为:局部变量和全局变量。局部变量只在定义变量的函数中有效。全局变量有效范围为从定义变量的位置开始到本源文件结束,因此它可以为定义该全局变量文件其他函数所共用。

11. 从变量值存在的时间(即生存期)观察,变量的存储有两种不同的方式:静态存储方式和动态存储方式。

(1) 静态存储方式是在程序运行期间由系统分配固定的存储空间的方式。

(2) 动态存储方式是在程序运行期间根据需要进行动态的分配存储空间的方式。

12. 在一批数据中查找某数,可以使用遍历法。

(1) 用第一个数和要找的数比较,两者相同,表示找到了,结束;否则,执行(2);

(2) 用第二个数和要找的数比较,两者相同,表示找到了,结束;否则,执行(3);

(3) 后面的数依次和要找的数比较,直到找到或者所有的数都比较完为止。

6.3 实验内容

第一部分 基础篇

1. 分析程序,并上机验证运行结果。

```
#include<stdio.h>
long int fib(int n);/*函数声明*/
int main()
{   int i;
    for(i=1;i<=20;i++)
    {   printf("%12ld",fib(i));
        if(i%4==0) printf("\n");
    }
    return 0;
}
long int fib(int n)
{   return n<=1 ? 1:fib(n-1)+fib(n-2);
}
```

人工分析结果	上机运行结果

2. 分析程序,并上机验证运行结果。

```
#include <stdio.h>
int a, b;
void fun()
{
    a=100; b=200;
}
int main()
{
    int a=5, b=7;
    fun();
    printf("a=%d   b=%d \n", a,b);
}
```

人工分析结果	上机运行结果

第二部分 应用篇

一、实验要求

1. 增加全局变量用以表示学生记录是否需要重新存盘。
2. 在添加学生记录时,输入的学号不能和已有的重复,否则需要重新输入,直到不相同。
3. 增加按学号查询记录功能。
4. 增加按学号修改记录功能。

设已添加 1 号 2 号 3 号学生,则在增加学生记录时,出现下面界面:

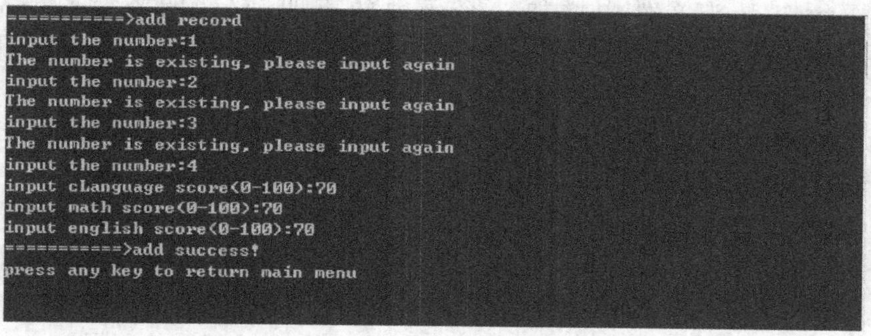

图 6-2 输入学生记录

在主菜单,如果输入 4,则进入查询:

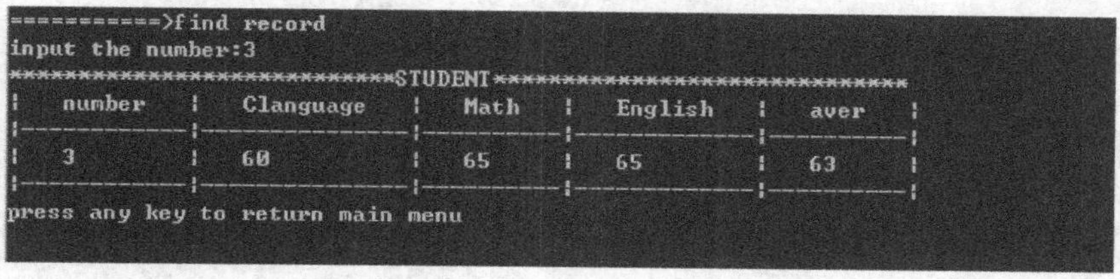

图 6-3 查询记录界面 1

在查询时,如果输入的学号不存在,则出现下面界面:

```
===========>find record
input the number:5
The student do not exist!
press any key to return main menu
```

图 6-4　查询记录界面 2

在主菜单界面，如果输入 5，则进行修改记录。

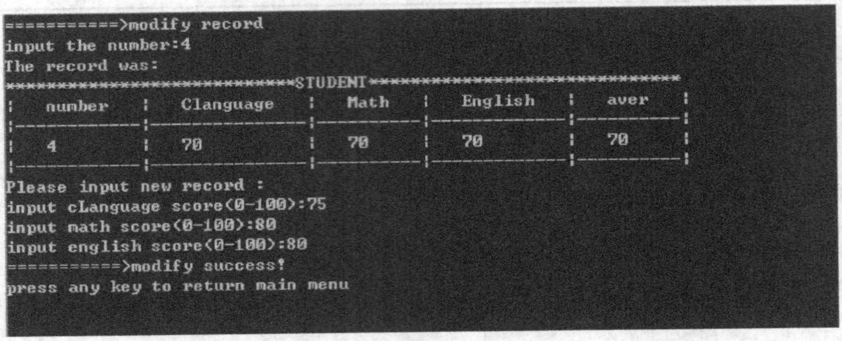

```
===========>modify record
input the number:4
The record was:
***************************STUDENT****************************
|  number   |  Clanguage   |   Math   |  English   |  aver   |
|-----------|--------------|----------|------------|---------|
|  4        |  70          |  70      |  70        |  70     |
|-----------|--------------|----------|------------|---------|
Please input new record :
input cLanguage score(0-100):75
input math score(0-100):80
input english score(0-100):80
===========>modify success!
press any key to return main menu
```

图 6-5　修改记录界面

二、实验步骤

1. 在 sgms6. h 头文件中增加 3 个函数的声明，它们的函数原型分别为 int locationRecord(int stuArray[][5], int num)，void findRecord(int stuArray[][5])，void modiRecord(int stuArray[][5])。

2. 在 sgms6. c 中定义全局变量 SAVEFLAG，初始值为 0，并在 addRecord 和 sortRecord 函数中将其值修改为 1，表示数据有修改，需要重新存盘。

3. 将 sgms6. c 中 main 函数的 case 4 和 case 5 后面的内容补充完整。

4. 将 sgms6. c 中 addRecord 函数的 while 循环体补充完整，以满足实验要求 2。

5. 在 sgms6. c 中编程完成定位记录 locationRecord 函数的定义。

6. 在 sgms6. c 的 findRecord 函数中添加 locationRecord 函数的调用。

7. 在 sgms6. c 中编程完成 modiRecord 函数的定义。

8. 运行由 sgms6. h 和 sgms6. c 构成的程序。

三、实验重点和难点

1. 函数的定义和调用方法。

2. 函数的实参数为数组时，形参的形式以及实参和形参之间的数据传递方式。

3. 函数的嵌套调用。

第三部分　提高篇

1. 求出 10000 以内所有的"回文数",并以 5 个数一行的形式输出。所谓"回文数"就是顺着读和倒着读都是同一个数。例如:1991 就是一个"回文数"。要求写一个函数用于判断一个数是否为"回文数",主函数通过调用它实现题目要求。请编程实现。

2. 实现下面功能:
(1) 输入 10 个职工的职工号和姓名。
(2) 按职工号由小到大排序,职工姓名也作相应的改变。
(3) 要求输入一个职工号,用折半查找法找出该职工并输出该职工的姓名。
每一功能用一个函数实现。请编程实现。

6.4　常见错误

1. 函数没定义,就被调用。
2. 函数定义了,又没被调用。
3. 定义函数时,形参没规定类型。
4. 函数调用时,实参前加类型。
5. 被调函数没有声明。
6. 嵌套调用和递归调用没理解透,使用错误。
7. 全局变量和局部变量有效范围没能正确区分。

实验 7　指针的应用

7.1　实验目的

1. 熟练掌握指针的定义、赋值和使用。
2. 掌握用指针引用数组的元素、熟悉指向数组的指针的使用。
3. 熟练掌握字符数组与字符串的使用,掌握指针数组。
4. 掌握指针函数与函数指针的用法。

7.2　预备知识

1. 区别存储单元的地址和存储单元的内容这两个概念。
2. 变量的两种访问方法:通过变量名的直接访问和通过指针的间接访问。
3. 定义指针变量的一般形式为:
　　　　类型　* 指针变量名;
4. 取地址运算符 & 和指针运算符 * 的含义,优先级和结合方向。
5. 通过指针变量访问所指向的变量的方法为: * 指针变量名。
6. 函数的形参是指针变量时,它的作用是将一个变量的地址传送到另一个函数中。
7. 引用数组元素的方法有:
(1) 下标法:a[i]或 p[i]。
(2) 指针法: * (a+i)或 * (p+i)。
其中 a 为数组名,p 为指向数组元素的指针变量。注意下标运算符[ ]和指针运算符 * 之间的转换。
8. 用数组名作为函数实参时,函数形参应该是一个指针变量。
9. 区分多维数组的行地址和列地址。例如:a+i,a[i],其中 a 为数组名。
10. 定义指向由 m 个元素组成的一维数组的指针变量(行指针变量)的一般形式为:
　　　　数据类型（* 指针变量名)[m];
11. 函数实参为二维数组名时,形参应该为行指针变量。
12. 函数的入口地址称为函数的指针。定义指向函数的指针变量的一般形式为:
　　　　数据类型（* 指针变量名)(函数形参数表列);

例如：

   int（*p）(int,int)；

  定义 p 是指向函数的指针变量，它可以指向类型为整型且有两个整型参数的函数。当把某个函数的函数名赋给一个指向函数的指针变量后，便可以利用该指针变量来调用它所指向的函数了。

  13. 利用指向函数的指针变量调用函数的一般形式为：

    （*指针变量名）(函数实参数表列)；

  14. 一个数组，若其元素均为指针类型数据，称为指针数组。定义一维指针数组的一般形式为：

   类型名 *数组名[数组长度]；

  15. 指向指针数据的指针变量，简称为指向指针的指针，也就是二重指针。定义二重指针变量的一般形式为：

   类型名 **指针变量名；

  16. 对内存的动态分配和释放是通过系统提供的库函数来实现的，主要有 malloc，calloc，free，realloc 这 4 个函数。

  17. void *指针是一种特殊的指针，不指向任何类型的数据，如果需要用此地址指向某类型的数据，应先对地址进行类型转换。

7.3　实验内容

第一部分　基础篇

1. 分析程序，并上机验证运行结果。

```c
#include<stdio.h>
int main()
{   int a[3][4]={1,3,5,7,9,11,13,15,17,19,21,23};
    int *p;
    for(p=a[0];p<a[0]+12;p++)
    {
        if((p-a[0])%4==0) printf("\n");
        printf("%4d",*p);
    }
    printf("\n");
    return 0;
}
```

人工分析结果	上机运行结果

2. 分析程序,并上机验证运行结果。

```c
#include <stdio.h>
void f(char *st, int i)
{    st[i]='\0';
    printf("%s\n",st);
    if(i>1)
        f(st,i-1);
}
int main()
{    char st[]="abcd";
    f(st,4);
    return 0;
}
```

人工分析结果	上机运行结果

3. 分析程序,并上机验证运行结果。

```c
#include<stdio.h>
int main()
{
    static int a[]={1,3,5,7};
    int *p[3]={a+2,a+1,a};
    int **q=p;
```

```
        printf("%d\n",*(p[0]+1)+**(q+2));
        return 0;
    }
```

人工分析结果	上机运行结果

第二部分 应用篇

一、实验要求

1. 将添加、显示、排序、定位、查找、修改等函数全部用指针方式处理。
2. 增加统计各科不及格人数、平均成绩和最高成绩功能。
3. 增加按学号删除记录功能。

设已添加 3 个学生信息，他们的各科成绩分别为：1 号 30、40、80，2 号 80、60、60，3 号 60、70、70。则在主菜单界面上，选择 7，进行统计。

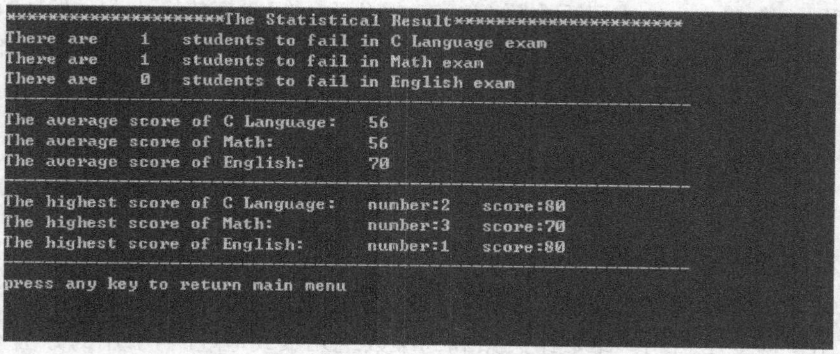

图 7-1 统计记录界面

在主菜单界面上，如果选择 6，则进入删除记录功能。

图 7-2 删除记录界面

二、实验步骤

1. 在 sgms7.h 文件中增加删除和统计函数的声明,它们的函数原型分别为 void deleRecord(int (*stuArray)[5])和 void countRecord(int (*stuArray)[5])。
2. 将 sgms7.c 文件中 addRecord 函数的错误进行改正。
3. 完善 sgms7.c 文件中 dispRecord 和 sortRecord 函数。
4. 编写 sgms7.c 文件中 locationRecord 函数体,要用指针方式处理。
5. 在 sgms7.c 文件中 findRecord 和 modiRecord 函数定义指向 locationRecord 函数的指针变量,并利用它调用 locationRecord 函数。
6. 在 sgms7.c 文件中编程完成删除学生记录 deleRecord 函数定义。
7. 在 sgms7.c 文件中编程完成统计学生记录 countRecord 函数定义。
8. 运行由 sgms7.h 和 sgms7.c 构成的程序。

三、实验重点和难点

1. 列指针变量的定义、赋值以及利用它引用数组元素。
2. 行指针变量的定义、赋值以及它在二维数组中的使用。
3. 函数指针变量的定义、赋值和利用它进行函数调用。

第三部分　提高篇

1. 在字符串中找出连续最长的数字串,并输出这个最长数字串。例:如果字符串为"abcd12345ed125ss1234567",将输出 1234567。要求用字符指针实现。请编程。
2. 编程实现:输入一个人民币小写金额值,转化为大写金额值输出。如输入1002300.90,应该输出"壹佰万贰仟叁佰元玖角整"。要求用字符指针实现。请编程。

7.4　常见错误

1. 混淆变量值和变量地址。
2. 指针变量没有初始化,就利用该指针变量引用变量。
3. 利用指针变量引用一维数组元素和二维数组元素或地址时,引用的方法不对。
4. 函数指针概念不清楚。
5. 混淆行指针变量和指针数组。

实验 8 结构体的应用

8.1 实验目的

1. 掌握结构体变量、结构体数组以及结构体指针的定义和使用。
2. 掌握动态存储分配函数的用法和单向链表的创建、输出等操作。
3. 掌握用 typedef 定义类型。

8.2 预备知识

1. 用户自己建立由不同类型数据组成的组合型的数据结构,它称为结构体。声明一个结构体类型的一般形式为:

```
struct   结构体类型名
{       类型名1   成员名1;
        类型名2   成员名2;
        …
        类型名n   成员名2;
};
```

2. 定义结构体变量的方法一般形式有:

(1) struct 结构体类型 变量名;

(2) struct 结构体类型
```
    {
        成员表列
    }变量名;
```

(3) struct
```
    {
        成员表列
    }变量名;
```

注意区分结构体类型和结构体变量。

3. 结构体成员引用的一般形式：
(1) 使用成员运算符． 例如：stu.成员，(*p).成员；
(2) 使用指向运算符—>   例如：p—>成员；
其中 stu 为结构体变量，p 为指向结构体变量的指针。

4. 链表是一种常见的重要数据结构，它是动态地进行存储分配的一种结构。链表中的每一个元素称为"结点"，每个结点都应包括两个部分：用户需要的实际数据和下一个结点的地址。

5. 链表必须利用指针变量才能实现，即一个结点中应包含一个指针变量，用来存放下一个结点的地址。例如，链表的结点类型可以这样定义：

```
struct Student
{   int num;
    float score;
    struct Student * next;
};
```

成员 num、score 用来存放用户需要用到的数据，next 存放下一个结点的地址。

6. 建立动态链表是指在程序执行过程中从无到有地建立起一个链表，即一个一个地开辟结点和输入各结点数据，并建立起前后相链的关系。假设链表结点数据结构定义为 5 中的 Student，则建立动态单向链表的函数如下：

```
struct Student * creat(void)
{   struct Student * head, * p1, * p2;   n=0;
    p1=p2=( struct Student * ) malloc(LEN);
    scanf("%ld,%f",&p1—>num,&p1—>score);
    head=NULL;
    while(p1—>num! =0)
    {   n=n+1;
        if(n= =1) head=p1;
        else   p2—>next=p1;
        p2=p1;
        p1=(struct Student * )malloc(LEN);
        scanf("%ld,%f",&p1—>num,&p1—>score);
    }
    p2—>next=NULL;     return(head);
}
```

7. 输出单向链表的函数如下：

```
void print(struct Student * p)
{   printf("\nThese %d records are:\n",n);
    if(p! =NULL)
```

```
        do
        {   printf("%ld %5.1f\n",p->num,p->score);
            p=p->next;
        }while(p!=NULL);
}
```

8. 使几个不同的变量共享同一段内存的结构,称为"共用体"类型的结构。
定义共用体类型变量的一般形式为:
union 共用体名
{   成员表列
} 变量表列;
9. 比较结构体变量和共用体变量的异同。
10. 用 typedef 声明新类型名方法。

8.3 实验内容

第一部分 基础篇

1. 分析程序,并上机验证运行结果。

```
#include <stdio.h>
int main()
{   struct person
        {   char name[20];
            char sex;
            struct date
            {   int year;
                int month;
                int day;
            } birthday;
            float height;
        } per;
    printf("Enter the name:");
    gets(per.name);
    per.sex='M';
    per.birthday.year=1982;
```

```
            per.birthday.year++;
            per.birthday.month=12;
            per.birthday.day=15;
            per.height=(175+176)/2.0;
    printf("%s%3c%4d/%2d/%d%7.1f\n",per.name,per.sex,per.birthday.month,
per.birthday.day,per.birthday.year,per.height);
    }
```

人工分析结果	上机运行结果

2. 阅读程序，分析功能。

```
#include <stdio.h>
#include<malloc.h>
struct node
{   int data;
    struct node *next;
};
struct node *create()
{ struct node *head,*tail,*p;
    int x;
head=tail=NULL;
printf("Enter a integer: ");
scanf("%d",&x);
while(x!=0)
 { p=(struct node *)malloc(sizeof(struct node));
    p->data=x;
    p->next=NULL;
    if (head==NULL)
        head=tail=p;
    else
      { tail->next=p;
        tail=p;
```

```c
        }
        printf("Enter a integer: ");
        scanf("%d",&x);
    }
    return (head);
}
struct node * reverse(struct node * head)
{   struct node * p1, * p2, * q;
    p2=head;
    p1=NULL;
    while(p2! =NULL)
    {   q=p2->next;
        p2->next=p1;
        p1=p2;
        p2=q;
    }
    head=p1;
    return(head);
}
int main()
{   struct node * q;
    q=create();
    q=reverse(q);
    printf("The data of link:\n");
    while(q! =NULL)
    {   printf("%d\t",q->data);
        q=q->next;
    }
    return 0;
}
```

输入数据	运行结果
18 3 29 16 4 21 0	
程序功能	

第二部分　应用篇

一、实验要求

1. 把原来用数组存储学生信息，改为用单向链表来存储学生信息。
2. 实现添加记录和输出记录等功能。

二、实验步骤

1. 完善 sgms8.h 文件中的结构体类型的定义。
2. 将 sgms8.c 文件中 main 函数补充完整。
3. 将 sgms8.c 文件中 addRecord 函数进行改错和完善。
4. 实现 sgms8.c 文件中显示记录 dispRecord 函数。
5. 运行由 sgms8.h 和 sgms8.c 构成的程序。

三、实验重点和难点

1. 结构成员引用的 3 种方法。
2. 链表节点数据类型的定义。
3. malloc 函数用于动态分配存储空间，它的返回值类型是 void *，在实际使用中一般需要强类型转换成多需要的类型。该函数的声明在 stdlib.h 头文件中。
4. 链表操作中，节点指针域的使用。

第三部分　提高篇

1. 输入任意一个日期的年、月、日的值，求出这一天是星期几并计算 n 天后是哪年哪月哪日和星期几。请编程实现。
2. 有两个有序的单向链表，使这两个链表合成一个有序的单向链表。请编程实现。

8.4　常见错误

1. 引用结构体成员时，成员运算符 . 和指向运算符—>的使用混淆。
2. 链表操作过程中不能正确利用指针域进行操作。
3. 不能正确使用 typedef 声明新类型名。

实验 9 文件的应用

9.1 实验目的

1. 掌握文件、缓冲文件系统以及文件指针等概念。
2. 学会使用文件打开、关闭、读、写等函数对文件进行简单的操作。

9.2 预备知识

1. "文件"指存储在外部介质上数据的集合。文件要有一个唯一的文件标识,以便用户识别和引用。
2. 根据数据的组织形式,数据文件可分为 ASCⅡ 文件和二进制文件。
3. ANSI C 标准采用"缓冲文件系统"处理数据文件。所谓缓冲文件系统是指系统自动地在内存区为程序中每一个正在使用的文件开辟一个文件缓冲区。
4. 结构体类型是由系统声明的,取名为 FILE。声明 FILE 结构体类型的信息包含在头文件"stdio.h"中。一般设置一个指向 FILE 类型变量的指针变量,然后使它指向某一个文件的结构体变量,从而通过该结构体变量中的文件信息能够访问该文件。
5. 文件操作流程是:先"打开"文件,然后"读写"文件,最后"关闭"文件。
6. 文件各种打开方式的含义。
7. 文件各种读写函数特别是 fread 和 fwrite 函数的调用形式。fread 和 fwrite 函数的一般调用形式为:

    fread(buffer,size,count,fp);
    fwrite(buffer,size,count,fp);

    buffer 是一个地址,对 fread 来说,buffer 是用来存放从文件读入的数据的存储区的地址;对 fwrite 来说,是要把此地址开始的存储区中的数据向文件输出。size:要读写的字节数。count:要读写多少个数据项。fp:FILE 类型指针,指向要读写的文件。
8. 文件定位和出错检测函数的调用形式。

9.3　实验内容

第一部分　基础篇

1. 阅读程序，分析功能。

```c
#include <stdio.h>
#include <stdlib.h>
#define ST struct student
#define N 10
ST{   char class[6];
      long num;
      char name[20];
      int math,eng,comp;
 }a[N],stu;
int main()
{   int i;
    FILE *fp;
    fp=fopen("d:\\stu2","wb");
    if(fp==NULL)
    {   printf("\n\n\t\t 文件无法建立。\n");
        exit(1);
    }
    for(i=0;i<N;i++)
    {   printf("\n\t 请输入学生所在班级:");        scanf("%s",a[i].class);
        printf("\n\t 请输入学生学号:");            scanf("%ld",&a[i].num);
        printf("\n\t 请输入学生姓名:");            scanf("%s",a[i].name);
        printf("\n\t 请输入学生数学成绩:");        scanf("%d",&a[i].math);
        printf("\n\t 请输入学生英语成绩:");        scanf("%d",&a[i].eng);
        printf("\n\t 请输入学生计算机成绩:");      scanf("%d",&a[i].comp);
    }
    if(fwrite(a,sizeof(ST),N,fp)!=N)
    {   printf("文件不能写入数据,请检查后重新运行.\n");exit(1);   }
    fclose(fp);
    fp=fopen("d:\\stu2","rb");
```

```
        if(fp!=NULL)
        {   printf("\n\t 班级      学号      姓名 数学 英语 计算机 \n");
            for(i=0;i<N;i++)
            {   if(fread(&stu,sizeof(ST),1,fp)==1)
                    printf("\t%6s%10ld%9s%5d%6d%8d\n",
                        stu.class,stu.num,stu.name,stu.math,stu.eng,stu.comp);
                else
                {   printf("文件不能读取数据,请检查后重新运行.\n");
                    exit(1);
                }
            }
        }
        else
        {   printf(" 文件无法打开 \n");
            exit(1);
        }
        fclose(fp);
    }
```

程序功能	

第二部分　应用篇

一、实验要求

1. 增加将学生信息保存到文件的功能。

2. 程序运行后,首先判断保存学生信息的文件(student.dat)是否存在,如存在,则将该文件存储的学生信息读出,添加到学生数组中。然后进入主循环,显示主菜单和判断用户按键。

3. 如果学生数组中的内容相对文件中的有变化(也就是进行过添加、排序、修改、删除等操作),而又没有保存,则在退出系统时,将进行是否保存的提示。

假设学生数组中有 4 条学生记录,则在主菜单界面上输入 8,进入保存。

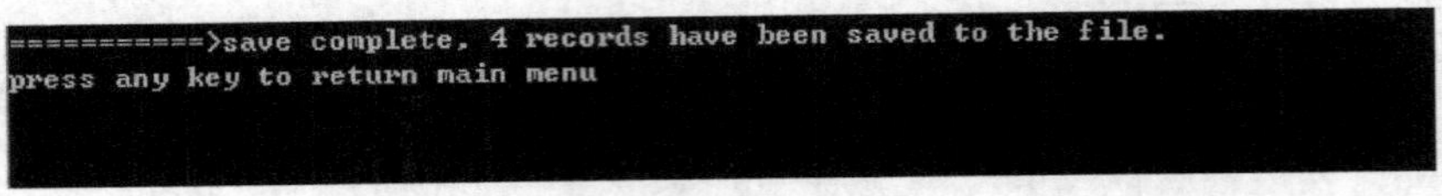

```
===========>save complete, 4 records have been saved to the file.
press any key to return main menu
```

图 9-1　保存记录界面

退出系统时,如果数据有变化,则进行是否保存的提示。

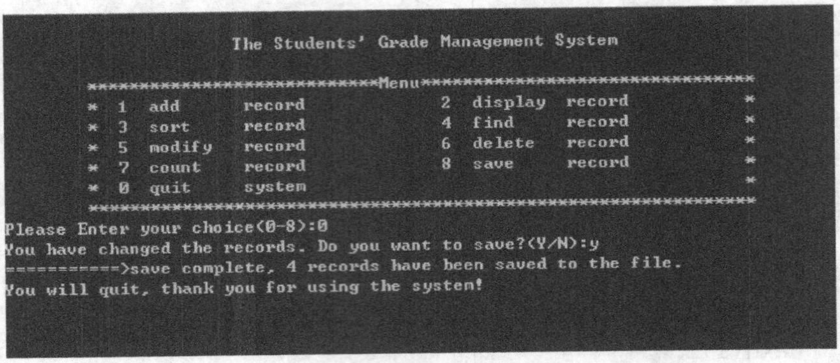

```
            The Students' Grade Management System
         ******************Menu*******************
         *  1  add     record       2  display  record  *
         *  3  sort    record       4  find     record  *
         *  5  modify  record       6  delete   record  *
         *  7  count   record       8  save     record  *
         *  0  quit    system                            *
         ******************************************
Please Enter your choice<0-8>:0
You have changed the records. Do you want to save?<Y/N>:y
===========>save complete, 4 records have been saved to the file.
You will quit, thank you for using the system!
```

图 9-2　退出系统界面

二、实验步骤

1. 将 sgms9.c 文件中 save 函数补充完整。
2. 将 sgms9.c 文件中 saveRecord 函数补充完整。
3. 将 sgms9.c 文件中 main 函数补充完整。
4. 将 sgms9.c 文件中 quit 函数补充完整。
5. 运行由 sgms9.h 和 sgms9.c 构成的程序。

三、实验重点和难点

1. access 函数可以用来判断某一文件是否存在。调用该函数时,在 VC++下需包含头文件 io.h,在 Linux 下需包含 unistd.h 头文件。
2. fopen 函数的使用。
3. fread 和 fwrite 函数的使用。

第三部分　提高篇

1. 输入若干个职工信息。每个职工的信息包括职工号、职工姓名、性别、年龄、工资、住址。当输入的职工号为 0 时,结束输入。最后把它们存入到文件"employee"中。请编程实现。

2. 有一文件"employee",内存放职工的信息。每个职工的信息包括职工号、职工姓名、性别、年龄、工资、住址。现要求将职工号、工资的信息单独抽出来另建一个简明的职工工资文件,命名为"salary"。请编程实现。

9.4 常见错误

1. 文件打开方式使用错误。
2. 文件使用完毕后没有关闭。
3. 不能正确使用文件读写函数对文件进行操作。

实验 10 电话薄管理系统的设计与实现

10.1 实验目的

1. 电话薄管理系统分析与设计。
2. 电话薄管理系统功能实现。
3. 系统功能实现中用到的 C 语言知识。

10.2 核心知识点

系统功能的实现:程序的模块划分、初始化模块、主控模块、源程序、调试结果等。

10.3 重点与难点

1. 系统功能的设计:确定软件功能、定义核心数据结构。
2. 进一步培养结构化程序设计的思想,加深对 C 语言基本要素和控制结构的理解。
3. 针对 C 语言中的重点和难点内容进行训练,独立完成有一定工作量的程序设计任务,同时培养好的程序设计风格。
4. 掌握 C 语言的编程技巧和上机调试程序的方法。
5. 掌握 C 语言程序设计的常用算法。

10.4 背景知识

随着科技的进步和信息产业的迅速发展,电话薄成为了人们现代生活中一个重要的工具,所以对电话薄的研究也就显得尤为重要。大量联系人数据的统计分析工作如果只靠人工完成,既费力又费时,还容易出错。而使用计算机进行信息管理,不仅提高了工作效率,还大大提高了安全性。尤其对于复杂的信息管理,计算机能够充分发挥它的优越性。本电话薄管理系统对通讯录进行统一的管理,包括输入、输出、删除、修改、查询、排序、退出等功能,实现通讯录管理工作的系统化、规范化和自动化，为人们的生活和工作提供便利。

本电话薄管理系统通过采用单向链表来实现。

10.5　项目设计及准备

1．项目描述

为了进一步综合运用 C 语言各方面的知识解决实际问题，从而提高运用 C 语言开发应用系统的能力，本项目设定了五个任务：

任务一，目的是理解系统功能的分析与设计；

任务二，目的是理解系统功能的实现；

任务三，目的是掌握系统的模块划分；

任务四，目的是理解系统的源程序；

任务五，目的是掌握系统功能演示。

2．项目准备

计算机(安装好 Windows 操作系统和 VC++6.0)

3．方法及步骤

打开 VC++6.0 开发环境，新建工程，在里面输入任务四中系统的源程序，并按照相关的功能编译连接运行模块程序得到相应的结果。

10.6　项目实施

一、理解系统功能的分析与设计

1．系统功能分析

● 信息录入功能：每一条记录包括一个联系人的姓名、电话号码、联系地址，并可一次完成若干条记录的输入。

● 信息显示浏览功能：完成全部联系人信息的显示。

● 信息的删除：按姓名可删除某联系人的信息。

● 信息修改功能：通过联系人的姓名，查询出要修改的记录，依次修改相应字段的值。

● 查询功能：完成按姓名查找联系人，并显示。

● 排序功能：按联系人的姓名进行排序，包括升序排列和降序排列。

● 退出功能：退出当前电话薄管理系统。

● 应提供一个界面来调用各个功能，调用界面和各个功能的操作界面应尽可能清晰美观。

2. 系统功能设计的核心数据结构

```c
#include <stdio.h>
#include <string.h>
#include <ctype.h>
#include <stdlib.h>

/*电话薄信息的结构体*/
struct telebook
{
    char name[15];              /*每个联系人的姓名*/
    char phoneNumber[11];       /*每个联系人的电话号码*/
    char address[20];           /*每个联系人的地址*/
    struct telebook * next;
};

typedef struct telebook TELEBOOK;
/*菜单实现函数*/
char Menu(void)
/*升序排列函数*/
int Ascending(char * back, char * front)
/*降序排列函数*/
int Descending(char * back, char * front)
/*两个字符串类型数据交换函数*/
void CharSwap(char * pt1, char * pt2)
/*输入记录各个字段数据的函数*/
void InputNodeData(TELEBOOK * pNew)
/*新建一个节点,并将该节点添加到链表的末尾*/
TELEBOOK * AppendNode(TELEBOOK * head, TELEBOOK * * pNew)
/*删除一个姓名为 nodeName 的节点的函数*/
TELEBOOK * DeleteNode(TELEBOOK * head, char * nodeName)
/*按姓名查找并修改一个节点数据的函数*/
void ModifyNode(TELEBOOK * head, char * nodeName)
/*按姓名查找一个节点数据的函数*/
TELEBOOK * SearchNode(TELEBOOK * head, char * nodeName)
/*增加联系人的函数*/
TELEBOOK * AppendContact(TELEBOOK * head)
/*显示联系人信息的函数*/
```

```
    void PrintContact(TELEBOOK * head)
    /*按删除联系人的函数*/
    TELEBOOK * DeleteContact(TELEBOOK * head)
    /*按修改联系人的函数*/
    void ModifyContact(TELEBOOK * head)
    /*按查找联系人的函数*/
    void SearchContact(TELEBOOK * head)
    /*对记录按照姓名进行排序的函数*/
    void SortContact(TELEBOOK * head, int (* compare)(char * back, char * front));
    /*释放内存空间的函数*/
    void DeleteMemory(TELEBOOK * head)
```

二、理解系统功能的实现

本系统主要实现对联系人的信息输入、输出、删除、修改、查询、排序等功能。联系人的信息内容包含：姓名、电话号码和地址。系统功能实现主要从程序的模块划分、系统的源程序和程序功能演示三部分加以说明。详细内容见系统模块的划分、系统的源码、系统的演示。

三、掌握系统模块的划分

1. 系统模块的划分

• 信息录入模块：输入信息包括联系人的姓名、电话号码、地址等相关信息，并且可以一次完成若干条记录的输入。可用函数 TELEBOOK * AppendContact(TELEBOOK * head)来实现。

• 信息浏览模块：完成全部联系人记录的显示。可用函数 void PrintContact(TELEBOOK * head)来实现。

• 信息删除模块：按姓名进行删除某联系人信息。可用函数 TELEBOOK * DeleteContact(TELEBOOK * head)来实现。

• 信息修改模块：通过联系人的姓名，查询出要修改的记录，依次修改相应字段的值。可用函数 void ModifyContact(TELEBOOK * head, const int m)来实现。

• 查询模块：完成按姓名查找联系人记录，并显示。可用函数 void SearchContact(TELEBOOK * head)来实现。

• 排序模块：按联系人的姓名进行排序，包括升序排列和降序排列。升序排列用函数 void SortContact(head, Ascending)来实现；降序排列用函数 void SortContact(head, Descending)来实现。

• 退出模块：退出当前管理系统。可以用函数 exit(0)和 void DeleteMemory(TELEBOOK * head)来实现。

系统模块划分流程图如图 10-1 所示：

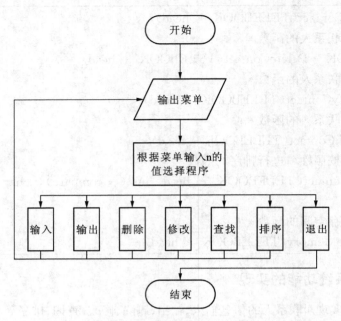

图10-1 系统模块划分流程图

2. 初始化模块

初始化模块为菜单模块:提供了0~7共8个功能的选项,用户可以根据需要选择相应的功能菜单项。具体实现程序如下所示:

```c
/*  函数功能:显示菜单并获得用户键盘输入的选项
    函数参数:无
    函数返回值:用户输入的选项
*/
char Menu(void)
{
    char ch;
    printf("\nManagement for Telebooks' scores\n");
    printf("   1. Append record\n");
    printf("   2. List     record\n");
    printf("   3. Delete   record\n");
    printf("   4. Modify   record\n");
    printf("   5. Search   record\n");
    printf("   6. Sort     Score in descending order by name\n");
    printf("   7. Sort     Score in ascending order by name\n");
    printf("   0. Exit\n");
    printf("Please Input your choice: ");
```

```
        scanf(" %c", &ch);/*在%c前面加一个空格,将存于缓冲区中的回车符读入*/
        return ch;
}
```

3. 主控模块

主控模块为程序的入口函数 main()。具体实现程序如下所示:

```
void main()
{
char  ch;
TELEBOOK   * head =NULL;
while (1)
{
    ch = Menu(); /*显示菜单,并读取用户输入*/
    switch (ch)
    {
        case '1': /*调用输入模块*/
            head = AppendContact(head);
            break;
        case '2': /*调用显示模块*/
            PrintContact( head);
            break;
        case '3':/*调用删除模块*/
            head = DeleteContact(head);
            printf("\nAfter deleted\n");
            PrintContact(head); /*显示删除结果*/
            break;
        case '4': /*调用修改模块*/
            ModifyContact(head);
            printf("\nAfter modified\n");
            PrintContact(head); /*显示修改结果*/
            break;
        case '5': /*调用查询模块*/
            SearchContact(head);
            break;
        case '6': /*按姓名降序排序*/
            SortContact(head, Descending);
```

```c
                printf("\nsorted in desending order by name\n");
                PrintContact(head, m); /*显示排序结果*/
                break;
        case '7': /*按姓名升序排序*/
                SortContact(head, Ascending);
                printf("\nsorted in ascending order by name\n");
                PrintContact(head); /*显示排序结果*/
                break;
        case '0': /*退出程序*/
                DeleteMemory(head); /*释放所有已分配的内存*/
                printf("End of program!");
                exit(0);
                break;
        default:
                printf("Input error");
                break;
        }
    }
}
```

四、理解系统的源程序

```c
#include <stdio.h>
#include <string.h>
#include <stdlib.h>
struct telebook
{
    char name[15]; /*每个联系人的姓名*/
    char phoneNumber[20]; /*每个联系人的电话号码*/
    char address[20]; /*每个联系人的地址*/
    struct telebook *next;
};
typedef struct telebook TELEBOOK;

char Menu(void);
int Ascending(char *a, char *b);
int Descending(char *a, char *b);
```

实验 10 电话薄管理系统的设计与实现

```c
    void CharSwap(char * pt1,char * pt2);
    void InputNodeData(TELEBOOK * pNew);
    TELEBOOK * AppendNode(TELEBOOK * head, TELEBOOK * * pNew);
    TELEBOOK * DeleteNode(TELEBOOK * head, char * nodeName);
    void ModifyNode(TELEBOOK * head, char * nodeName);
    TELEBOOK * SearchNode(TELEBOOK * head, char * nodeName);
    TELEBOOK * AppendContact(TELEBOOK * head);
    TELEBOOK * DeleteContact(TELEBOOK * head);
    void PrintContact(TELEBOOK * head);
    void ModifyContact(TELEBOOK * head);
    void SortContact(TELEBOOK * head, int ( * compare)(char * back,char * front));
    void SearchContact(TELEBOOK * head);
    void DeleteMemory(TELEBOOK * head);

    void main()
    {
        char ch;
        TELEBOOK * head= NULL;
        while (1)
        {
            ch = Menu();
            switch (ch) / * 显示菜单,并读取用户输入 * /
            {
            case '1': / * 调用输入模块 * /
                head = AppendContact(head);
                break;
            case '2': / * 调用显示模块 * /
                PrintContact(head);
                break;
            case '3':/ * 调用删除模块 * /
                head = DeleteContact(head);
                printf("\nAfter deleted\n");
                PrintContact(head); / * 显示删除结果 * /
                break;
            case '4': / * 调用修改模块 * /
```

```c
                ModifyContact(head);
                printf("\nAfter modified\n");
                PrintContact(head);   /* 显示修改结果 */
                break;
            case '5':   /* 调用姓名查询模块 */
                SearchContact(head);
                break;
            case '6':   /* 按姓名降序排序 */
                SortContact(head,Descending);
                printf("\nsorted in desending order by name\n");
                PrintContact(head);   /* 显示排序结果 */
                break;
            case '7':   /* 按姓名升序排序 */
                SortContact(head, Ascending);
                printf("\nsorted in ascending order by name\n");
                PrintContact(head);   /* 显示排序结果 */
                break;
            case '0':   /* 退出程序 */
                DeleteMemory(head);   /* 释放所有已分配的内存 */
                printf("End of program!");
                exit(0);
                break;
            default:
                printf("Input error");
                break;
        }
    }
}
/* 函数功能:显示菜单并获得用户键盘输入的选项
函数参数:无
函数返回值:用户输入的选项
*/
char Menu(void)
{
    char ch;
    printf("\n      The Management System for TeleBook\n");
    printf("\n");
```

```c
        printf(" ****************************** Menu**************************
******\n");
        printf(" *    1  append     record              2  list      record
 * \n");
        printf(" *    3  delete     record              4  modify    record
 * \n");
        printf(" *    5  search record                                        *
\n");
        printf(" *    6  sort       record    in      descending     order
 * \n");
        printf(" *    7  sort       record    in      ascending      order
 * \n");
        printf(" *    0  quit       system
 * \n");
        printf("******************************************************************
***\n");
        printf("Please Input your choice:");
        scanf(" %c", &ch);
        return ch;
    }

/*
函数功能:向链表中添加从键盘输入的姓名、电话号码和地址等信息
函数参数:结构体指针 head,指向原有链表的头节点指针
函数返回值:链表的头节点指针
*/
TELEBOOK * AppendContact(TELEBOOK * head)
{
    int i = 0;
    char c;
    TELEBOOK * pNew;
    do
    {
        head = AppendNode(head, &pNew);/*向链表尾添加一个节点*/
        InputNodeData(pNew);/*向新添加的节点中输入节点数据*/
        printf("Do you continue to append a new node(Y/N)?");
```

```c
        scanf(" %c", &c);/* %C 前有一个空格 */
        i++;
    }while (c == 'Y' || c == 'y');
    printf("%d new nodes have been appended! \n", i);
    return head;
}


/*
函数功能:新建一个节点,并将该节点添加到链表的末尾
函数参数:1. 结构体指针 head,指向原有链表的节点指针
       2. 表示指向新添加节点指针的指针
函数返回值:添加节点后的链表的头结点指针
*/
TELEBOOK * AppendNode(TELEBOOK * head, TELEBOOK ** pNew)
{
    TELEBOOK *p = NULL;
    TELEBOOK *pr = head;
    p = (TELEBOOK *)malloc(sizeof(TELEBOOK));/* 为新节点申请内存 */
    if (p == NULL)/* 判断申请内存是否成功 */
    {
        printf("No enough memery to alloc");
        exit(0);
    }
    if (head == NULL)/* 若原链表为空,则将新建节点设置为首节点 */
    {
        head = p;
    }
    else/* 若原链表非空,则将新节点添加到表尾 */
    {
        while (pr->next != NULL)
        {
            pr = pr->next;
        }
        pr->next = p;
    }
    pr = p;
```

```c
        pr->next = NULL;
        *pNew = p;
        return head;
}


/*
函数功能:输入一个节点的节点数据
函数参数:结构体指针 pNew,表示链表新增节点的指针
函数返回值:无
*/
void InputNodeData(TELEBOOK * pNew)
{
    printf("Input node data......\n");
    printf("Input name:");
    scanf("%s", pNew->name);
    printf("Input phonenumber:");
    scanf("%s", pNew->phoneNumber);
    printf("Input address:");
    scanf("%s", pNew->address);
}


/*
函数功能:删除一个指定姓名的联系人的记录
函数参数:结构体指针 head,指向存储联系人信息的链表的首地址
函数返回值:删除联系人记录后的链表的头指针
*/
TELEBOOK * DeleteContact(TELEBOOK * head)
{
    char nodeName[15];
    char c;
    do
    {
        printf("Please Input the name you want to delete:");
        scanf("%s", &nodeName);
        head = DeleteNode(head, nodeName);/*删除编号为 nodeName 的联系人信息*/
        printf("Do you continue to delete a node(Y/N)?");
```

```c
        scanf(" %c", &c);/* %c 前面有一个空格 */
    }while (c == 'Y'|| c == 'y');
    return head;
}

/*
函数功能:从 head 指向的链表中删除一个姓名为 nodeName 的节点
函数参数:1. 结构体指针 head,指向存储联系人信息的链表的首地址
        2. 字符指针 nodeName,表示待删除节点的姓名
函数返回值:删除节点后的链表的头结点指针
*/
TELEBOOK * DeleteNode(TELEBOOK * head, char * nodeName)
{
    TELEBOOK * p = head, * pr = head;
    if (head == NULL) /* 链表为空,没有节点,无法删除节点 */
    {
        printf("No Linked Table! \n");
        return head;
    }
    /* 若没有找到节点 nodeNum 且未到表尾,则继续找 */
    while (strcmp(nodeName ,p->name)! =0 && p->next ! = NULL)
    {
        pr = p;
        p = p->next;
    }
    if (strcmp(nodeName ,p->name)==0) /* 若找到节点 nodeName,则删除该节点 */
    {
        if (p==head) /* 若待删节点为首节点,则让 head 指向第个节点 */
        {
            head = p->next;
        }
        else /* 若待删除节点非首节点,则将前一个节点指针指向当前节点的下一节点 */
        {
            pr->next = p->next;
        }
```

```
            free(p);  /* 释放为已删除节点分配的内存 */
        }
        else  /* 没有找到待删除节点 */
        {
            printf("This Node has not been found! \n");
        }
        return head;  /* 返回删除节点后的链表的头结点指针 */
}

/*
函数功能:修改一个指定姓名的联系人的记录
函数参数:结构体指针 head,指向存储联系人信息的链表的首地址
函数返回值:无
*/
void ModifyContact(TELEBOOK * head)
{
    char nodeName[15];
    char c;
    do
    {
        printf("Please Input the name you want to modify:");
        scanf("%s", &nodeName);
        ModifyNode(head, nodeName); /* 修改姓名为 nodeName 的节点 */
        printf("Do you continue to modify a node(Y/N?)");
        scanf(" %c", &c);  /* %c 前面有一个空格 */
    }while (c == 'Y'|| c == 'y');
}


/*
函数功能:按姓名查找并修改一个节点数据
函数参数:1. 结构体指针 head,指向存储联系人信息的链表的首地址
        2. 字符指针 nodeName,表示待修改节点的姓名
函数返回值:无
*/
void  ModifyNode(TELEBOOK * head, char * nodeName)
{
    TELEBOOK * newNode;
```

```
            newNode = SearchNode(head, nodeName);
            if (newNode == NULL)
            {
                printf("Not found! \n");
            }
            else
            {
                printf("Input the new node data:\n");
                printf("Input name:");
                scanf("%s", newNode->name);
                printf("Input phonenumber:");
                scanf("%s", newNode->phoneNumber);
                printf("Input address:");
                scanf("%s", newNode->address);
            }
        }
```

/*
函数功能:用交换法按总姓名由高到低排序
函数参数:1. 结构体指针 head,指向存储联系人信息的链表的首地址
        2. 函数指针 compare,指向 Ascending 或 Descending 函数
函数返回值:无
*/

```
void SortContact(TELEBOOK * head, int (* compare)(char * back, char * front))
{
    TELEBOOK * pt;
    int flag = 0;
    do
    {
        flag = 0;
        pt = head;
        while (pt->next != NULL)
        {
            if ((* compare)(pt->next->name, pt->name))
            {
                CharSwap(pt->name, pt->next->name);
                CharSwap(pt->phoneNumber, pt->next->phoneNumber);
```

```
                    CharSwap(pt->address, pt->next->address);
                    flag = 1;
                }
                pt = pt->next;
            }
        }while(flag);
    }

    /*交换两个字符串*/
    void CharSwap(char * pt1, char * pt2)
    {
        char temp[20];
        strcpy(temp, pt1);
        strcpy(pt1, pt2);
        strcpy(pt2, temp);
    }

    /*决定数据是否按升序排序,back < front 为真,则按升序排序*/
    int Ascending(char * back, char * front)
    {
        int result = strcmp(back, front);
        if(result > 0)
            return 0;
        else
            return 1;
    }

    /*决定数据是否按降序排序,back > front 为真,则按降序排序*/
    int Descending(char * back, char * front)
    {
        int result = strcmp(back, front);
        if(result < 0)
            return 0;
        else
            return 1;
    }

    /*
```

```
    函数功能:按姓名查找联系人
    函数参数:结构体指针 head,指向存储联系人信息的链表的首地址
    函数返回值:无
*/
void SearchContact(TELEBOOK * head)
{
    char name[15];
    TELEBOOK * findNode;
    printf("Please Input the name you want to search:");
    scanf("%s", &name);
    findNode = SearchNode(head, name);
    if (findNode == NULL)
    {
        printf("Not found! \n");
    }
    else
    {
        printf("\n%-10s", findNode->name);
        printf("%-20s%-20s\n", findNode->phoneNumber, findNode->address);
    }
}


/*
    函数功能:按姓名查找一个节点数据
    函数参数:1. 结构体指针 head,指向存储联系人信息的链表的首地址
            2. 字符指针 nodeName,表示待修改节点的姓名
    函数返回值:待修改的结点指针
*/
TELEBOOK * SearchNode(TELEBOOK * head, char * nodeName)
{
    TELEBOOK * p = head;
    while (p != NULL) /* 若不是表尾,则循环 */
    {
        if (strcmp(p->name, nodeName) == 0)
            return p;
        p = p->next; /* 让 p 指向下一个节点 */
    }
```

```
        return NULL;
}

/*
函数功能:显示所有已经建立好的节点的节点号和该节点中数据项内容
函数参数:结构体指针 head,指向存储联系人信息的链表的首地址
函数返回值:无
*/
void PrintContact(TELEBOOK * head)
{
    TELEBOOK * p = head;
    char str[100] = "Name        PhoneNumber        address";
    printf("%s", str); /*打印表头*/
    while (p != NULL) /*若不是表尾,则循环打印*/
    {
        printf("\n%-10s", p->name);
        printf("%-20s%-20s\n", p->phoneNumber, p->address);
        p = p->next; /*让 p 指向下一个节点*/
    }
    printf("\n");
}


/*
函数功能:释放 head 指向的链表中所有节点占用的内存
函数参数:结构体指针 head,指向存储联系人信息的链表的首地址
函数返回值:无
*/
void DeleteMemory(TELEBOOK * head)
{
    TELEBOOK * p = head, * pr = NULL;
    while (p != NULL) /*若不是表尾,则释放节点占用的内存*/
    {
        pr = p;         /*在 pr 中保存当前节点的指针*/
        p = p->next;    /*让 p 指向下一个节点*/
        free(pr);       /*释放 pr 指向的当前节点占用的内存*/
    }
}
```

五、掌握系统功能演示

单击"编译"－－＞"链接"－－＞"运行"得到运行结果如下：

1. 根据提示信息，输入，并且完成程序初始化模块，显示出联系人信息。菜单信息列表如图 10-2 所示：

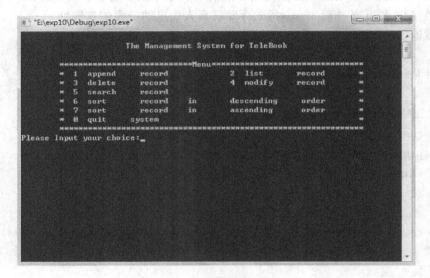

图 10-2　初始化模块运行图

2. 根据提示信息，输入你要选择的功能编号，这里我们先选择输入数据的功能菜单编号 1，然后根据提示输入相应的值，一条记录输入完毕之后系统会给出提示信息，是否继续输入？，输入 y，表示继续输入下一条记录，输入 n，表示结束本次操作，如图 10-3 所示：

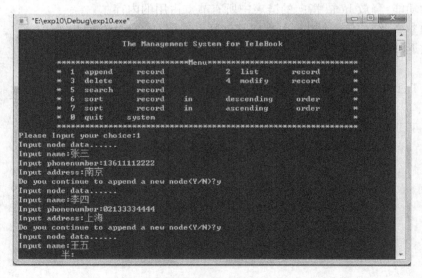

图 10-3　添加记录运行图

3. 根据提示信息，输入你要选择的功能编号，这里我们先选择显示数据的功能菜单项编号 2，回车就能看到所有联系人的信息列表，如图 10-4 所示：

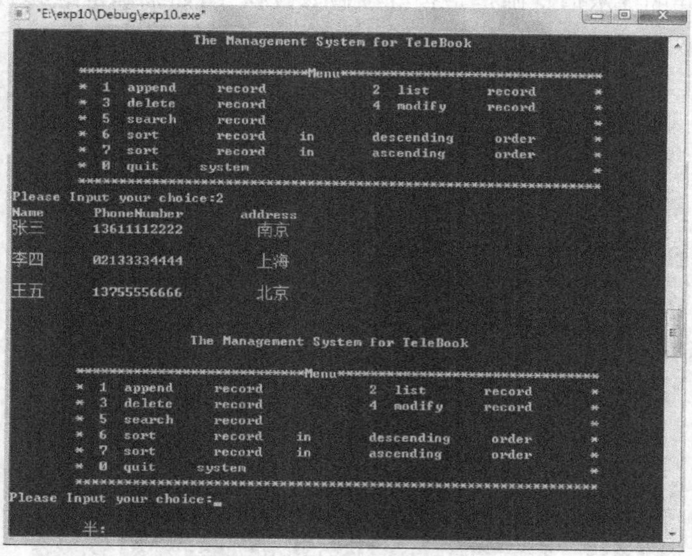

图 10-4　显示全部记录运行图

4. 根据提示信息，输入你要选择的功能编号，这里我们先选择删除数据的功能菜单项编号 3，然后回车；根据提示信息，输入要删除记录对应联系人的姓名，然后回车，就会看到已删除输入对应联系人的信息。同时还可根据删除的提示信息确定是否继续做删除操作，如果确定继续做删除操作，输入 y，如果要终止删除操作，输入 n，如图 10-5 所示：

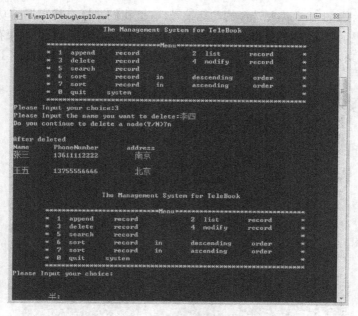

图 10-5　删除记录运行图

5. 根据提示信息，输入你要选择的功能编号，这里我们先选择修改数据的功能菜单编号4，然后回车；根据输入提示信息，输入要修改记录对应联系人的姓名，然后输入修改后的值即可。根据删除的提示信息确定是否继续做修改操作，如果确定继续做修改操作，输入y，如果要终止修改操作，输入n。如图10-6所示：

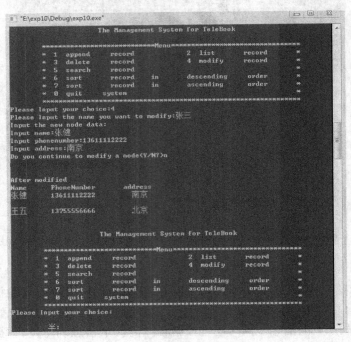

图 10-6　修改记录运行图

6. 根据提示信息，输入你要选择的功能编号，这里我们选择查找数据的功能菜单编号5，然后回车；根据提示信息，输入要查找记录对应联系人的姓名，然后回车，如果存在和姓名对应的记录则显示出来，如果没有找到对应的记录，则提示"Not found"信息，如图10-7所示：

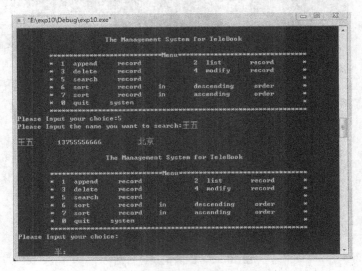

图 10-7　查询记录运行图

7. 根据提示信息,输入你要选择的功能编号,这里我们先选择按照姓名降序排列功能菜单项编号6,然后回车,就会看到所有联系人的记录信息按照姓名的降序依次排列出来。如图10-8所示:

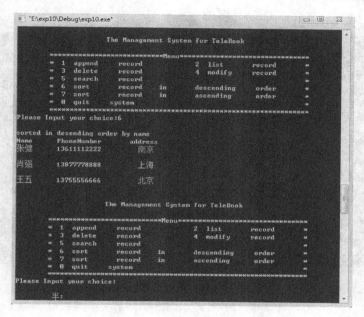

图 10-8 降序排列记录运行图

8. 根据提示信息,输入你要选择的功能编号,这里我们先选择按照姓名升序排列功能菜单项编号7,然后回车,就会看到所有联系人的记录信息按照姓名升序依次排列出来。如图10-9所示:

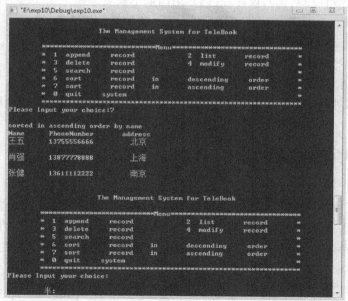

图 10-9 升序排列记录运行图

9. 根据提示信息,输入你要选择的功能编号,这里我们先选择退出系统功能菜单功能编号0,然后回车,提示信息"End of program!"和"Press any key to continue"。点击键盘上的任意键,退出系统。如图10-10所示:

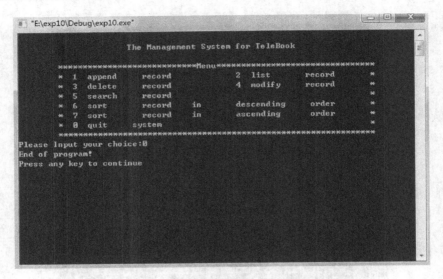

图10-10　退出系统运行图

10.7　项目小结

经过对电话簿管理系统的设计,我们总结出如下要点:
1. 要对系统的功能和要求作出详细的分析,并合理分解任务。
2. 对于分解出来的子任务,给出一个个相对独立的模块。
3. 在设计一个模块之前,要简单构思一下总界面的显示情况。
4. 针对构想出来的界面进行菜单程序的编写。
5. 请参考实验9,对电话簿管理系统增加文件的存取工作,以进一步优化该系统。

10.8　项目体会

通过实际开发一个具体的电话簿管理系统项目,掌握使用C语言编程的基本步骤、基本方法,培养了自己的逻辑思维能力,增强了分析问题、解决问题的能力。在项目开发的具体操作中将所学的C语言的理论知识加以巩固。例如开发过程中运用了C语言程序控制语句、函数、指针、结构体等方面的知识,达到灵活运用C语言的理论知识开发简单管理信息系统的基本目的,同时能发现自己的不足之处,在以后的学习过程中更加注意改进,并体会到C语言具有的语句简洁,使用灵活,执行效率高等特点。

我们发现，C语言理论知识在具体的管理系统开发中发挥着重要的支撑作用，项目开发是对C语言更深刻的理解。通过这次开发电话薄管理系统，我们懂得了理论与实际相结合的重要性。只有理论知识是远远不够的，只有把所学的理论知识与实践结合起来，从理论中得出结论，才能真正为社会服务，从而提高自己的实际动手和独立思考的能力。

附录1 VC++6.0环境介绍

Visual C++6.0是微软公司推出的目前使用极为广泛的基于Windows平台的可视化集成开发环境,它和Visual Basic、Visual Foxpro、Visual J++等其他软件构成了Visual Studio(又名Developer Studio)程序设计软件包。Developer Studio是一个通用的应用程序集成开发环境,包含了一个文本编辑器、资源编辑器、工程编译工具、一个增量连接器、源代码浏览器、集成调试工具,以及一套联机文档。使用Visual Studio,可以完成创建、调试、修改应用程序等的各种操作。

VC++6.0除了包含文本编辑器、C/C++混合编译器、连接器和调试器外,还提供了功能强大的资源编辑器和图形编辑器,利用"所见即所得"的方式完成程序界面的设计,大大减轻程序设计的劳动强度,提高程序设计的效率。

VC++6.0的功能强大,用途广泛,不仅可以编写普通的应用程序,还能很好地进行系统软件设计及通信软件的开发。

利用VC++6.0提供的一种控制台操作方式,可以建立C语言应用程序,Win32控制台程序(Win32 Console Application)是一类Windows程序,它不使用复杂的图形用户界面,程序与用户交互是通过一个标准的正文窗口,下面我们将对使用Visual C++ 6.0编写简单的C语言应用程序作一个初步的介绍。

1. 安装和启动

运行Visual Studio软件中的setup.exe程序,选择安装Visual C++ 6.0,然后按照安装程序的指导完成安装过程。

安装完成后,在开始菜单的程序选单中有Microsoft Visual Studio 6.0图标,选择其中的Microsoft Visual C++ 6.0即可运行(也可在Window桌面上建立一个快捷方式,以后双击即可运行)。

2. 创建工程项目

用Visual C++6.0系统建立C语言应用程序,首先要创建一个工程项目(Project),用来存放C程序的所有信息。创建一个工程项目的操作步骤如下:

(1) 进入Visual C++6.0环境后,选择主菜单"文件(File)"中的"新建(New)"选项,在弹出的对话框中单击上方的选项卡"工程(Projects)",选择"Win32 Console Application"工程类型,在"工程(Project name)"一栏中填写工程名,例如Myexam1,在"位置(Location)"一栏中填写工程路径(目录)例如:D:\MyProject,见图1,然后单击"确定(OK)"按钮继续。

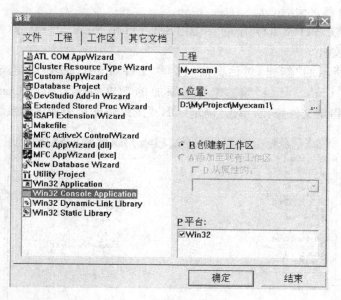

图 1 创建工程项目

（2）屏幕上出现如图 2 所示的"Win32 Console Application—Step 1 of 1"对话框后，选择"An empty project"项，然后单击"F 完成(Finish)"按钮继续：

图 2 Win32 Console Application—Step 1 of 1 对话框

出现如图 3 所示的"新建工程信息(New Project Information)"对话框后，单击"确定(OK)"按钮完成工程创建。创建的工作区文件为 myexam1.dsw 和工程项目文件 myexam1.dsp。

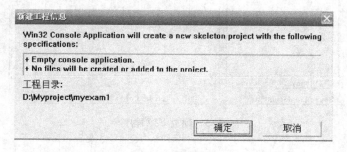

图 3 新建工程信息对话框

3. 新建 C 源程序文件

选择主菜单"工程(Project)"中的"添加工程(Add to Project)→新建(New)"选项,为工程添加新的 C 源文件。

出现如图 4 所示的"新建"对话框后,选择"文件(File)"选项卡,选定"C++ Source File"项,在"文件(File Name)"栏填入新添加的源文件名,如 myexam1.c,"C 目录:(Location)"一栏指定文件路径,单击"确定(OK)"按钮完成 C 源程序的系统新建操作。

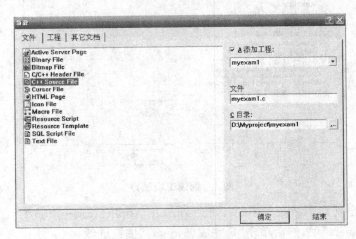

图 4 加入新的 C 源程序文件

在文件编辑区输入源程序,然后保存工作区文件,如图 5 所示。

注意:填入 C 源文件名一定要加上扩展名".c",否则系统会为文件添加默认的 C++ 源文件扩展名".cpp"。

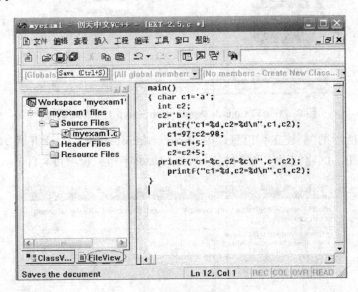

图 5 建立 c 源程序

4. 打开已存在的工程项目,编辑 C 源程序

进入 Visual C++6.0 环境后,选择主菜单"打开工作区(Open Workspace)"命令,在"Open Workspace"对话框内找到并选择要打开的工作区文件 myexam1.dsw,单击"确定(OK)"按钮,打开工作区。

在左侧的工作区窗口,单击下方的"FileView"选项卡,选择文件视图显示,打开"Source"文件夹,再打开要编辑的 C 源程序进行编辑和修改。如图 6 所示。

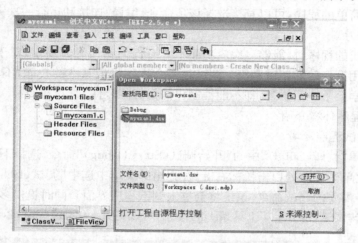

图 6 打开 myexam1.c 源程序

5. 在工程项目中添加已经存在的 C 源程序文件

选择主菜单"打开工作区(Open Workspace)"命令,在"Open Workspace"对话框内找到并选择要打开的工作区文件"myexam.dsw",单击"确定(OK)"按钮打开工作区。

将已经存在的 C 源程序文件添加到当前打开的工程区文件中,选择主菜单"工程(Project)"中的"添加工程(Add to Project)→File"选项,在"Insert File into Project"对话框内找到已经存在的 C 源程序文件,单击"确定(OK)"按钮完成添加。

6. 编译、连接和运行

(1) 编译

选择主菜单"编译(Build)"中的"编译(Compile)"命令,或单击工具条上的图标 ,系统只编译当前文件而不调用链接器或其他工具。输出(Output)窗口将显示编译过程中检查出的错误或警告信息,在错误信息处单击鼠标右键或双击鼠标左键,可以使输入焦点跳转到引起错误的源代码大致位置处以进行修改。

(2) 构建

选择主菜单"编译(Build)"中的"构建(Build)"命令,或单击工具条上的图标 ,对最后修改过的源文件进行编译和连接。

选择主菜单"编译(Build)"中的"重建全部(Rebuild All)"命令,允许用户编译所有的源文件,而不管它们何时曾经被修改过。

选择主菜单"编译(Build)"中的"批构建(Batch Build)"命令,能单步重新建立多个工程文件,并允许用户指定要建立的项目类型。

程序构建完成后生成的目标文件(.obj),可执行文件(.exe)存放在当前工程项目所在文件夹的"Debug"子文件夹中。

(3) 运行

选择主菜单"编译(Build)"中的"执行(Build Execute)"命令,或单击工具条上的图标 ! ,执行程序,将会出现一个新的用户窗口,按照程序输入要求正确输入数据后,程序即正确执行,用户窗口显示运行的结果。

对于比较简单的程序,可以直接选择该项命令,编译、连接和运行一次完成。

7. 调试程序

在编写较长的程序时,能够一次成功而不含有任何错误绝非易事,对于程序中的错误,系统提供了易用且有效的调试手段。调试是一个程序员最基本的技能,不会调试的程序员就意味着即使学会了一门语言,却不能编制出任何好的软件。

(1) 调试程序环境介绍

① 进入调试程序环境

选择主菜单"编译(Build)"中的"开始调试(Start Debug)"命令,选择下一级提供的调试命令,或者在菜单区空白处单击鼠标右键,在弹出的菜单中选中"调试(Debug)"项。激活调试工具条,选择需要的调试命令,系统将会进入调试程序界面。同时提供多种窗口监视程序运行,通过单击"调试(Debug)"工具条上的按钮,可以打开/关闭这些窗口,参考图7。

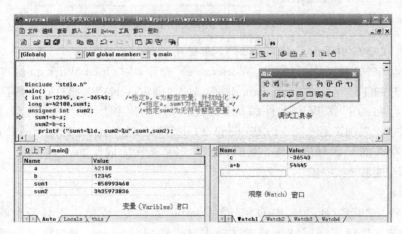

图7 调试程序界面

② Watch(观察)窗口

单击调试(Debug)工具条上的 Watch 按钮,就出现一个 Watch 窗口。

系统支持查看程序运行到当前指令语句时变量、表达式和内存的值。所有这些观察都必须是在断点中断的情况下进行。

观看变量的值最简单,当断点到达时,把光标移动到这个变量上,停留一会就可以看到变量的值。

还可以采用系统提供一种被称为 Watch 的机制来观看变量和表达式的值。在断点中断状态下,在变量上单击右键,选择 Quick Watch,就弹出一个对话框,显示这个变量的值。

在该窗口中输入变量或者表达式,就可以观察变量或者表达式的值。注意:这个表达式不能有副作用,例如"++"和"——"运算符绝对禁止用于这个表达式中,因为这个运算符将修改变量的值,导致程序的逻辑被破坏。

③ Variables(变量)窗口

单击调试(Debug)工具条上的"Variables"按钮弹出 Variables 窗口,显示所有当前执行上下文中可见的变量的值。特别是当前指令语句涉及的变量,以红色显示。

④ Memory(内存)

由于指针指向的数组,Watch 窗口只能显示第一个元素的值。为了显示数组的后续内容,或者要显示一片内存的内容,可以使用 memory 功能。单击调试(Debug)工具条上的"memory"按钮,就弹出一个对话框,在其中输入地址,就可以显示该地址指向的内存的内容。

⑤ Registers(寄存器)

单击调试(Debug)工具条上的"Registers"按钮弹出一个对话框,显示当前的所有寄存器的值。

⑥ Call Stack(调用堆栈)

调用堆栈反映了当前断点处函数是被哪些函数按照什么顺序调用的。单击调试(Debug)工具条上的"Call stack"显示 Call Stack 对话框。在 Call Stack 对话框中显示了一个调用系列,最上面的是当前函数,往下依次是调用函数的上级函数。单击这些函数名可以跳到对应的函数中去。

(2) 单步执行调试程序

系统提供了多种单步执行调试程序的方法,可以通过单击调试(Debug)工具条上的按钮或按快捷键的方式选择多种单步执行命令。

表 1 常用调试命令一览表

菜单命令	工具条按钮	快捷键	说明
Go		F5	继续运行,直到断点处中断
Step Over		F10	单步,如果涉及到子函数,不进入子函数内部
Step Into		F11	单步,如果涉及到子函数,进入子函数内部
Run to Cursor		Ctrl+F10	运行到当前光标处
Step Out		Shift+F11	运行至当前函数的末尾,跳到上一级主调函数
		F9	设置/取消 断点
Stop Debugging		Shift+F5	结束程序调试,返回程序编辑环境

① 单步跟踪进入子函数(Step Into,F11),每按一次 F11 键或按 ,程序执行一条无法再进行分解的程序行,如果涉及到子函数,进入子函数内部;

② 单步跟踪跳过子函数(Step Over,F10),每按一次 F10 键,程序执行一行;Watch 窗口可以显示变量名及其当前值,在单步执行的过程中,可以在 Watch 窗口中加入所需观察的变量,

辅助加以进行监视,随时了解变量当前的情况,如果涉及到子函数,不进入子函数内部;

③ 单步跟踪跳出子函数(Step Out,Shift+F11),按键后,程序运行至当前函数的末尾,然后从当前子函数跳到上一级主调函数;

④ 运行到当前光标处

当按下 Ctrl+F10 后,程序运行至当前光标处所在的语句。

(3) 设置断点调试程序

为方便较大规模程序的跟踪,断点是最常用的技巧。断点是调试器设置的一个代码位置。当程序运行到断点时,程序中断执行,回到调试器。调试时,只有设置了断点并使程序回到调试器,才能对程序进行在线调试。参考图8。

图8 设置断点调试程序

① 设置断点的方法

可以通过下述方法设置一个断点。首先把光标移动到需要设置断点的代码行上,然后按F9快捷键或者单击"编译"工具条上的按钮 ,断点处所在的程序行左侧会出现一个红色圆点。参考图8和表1。

还可以选择主菜单"编辑(Edit)"中的"断点(Breakpoints)"命令,弹出"Breakpoints"对话框,打开后点击"A 分隔符在(Break at)"编辑框的右侧的箭头,选择合适的位置信息。一般情况下,直接选择 line xxx 就足够了,如果想设置不是当前位置的断点,可以选择Advanced,然后填写函数、行号和可执行文件信息。

系统提供如下多种类型的断点:

条件断点:可以为断点设置一个条件,这样的断点称为条件断点。对于新加的断点,可以单击"C 条件(Conditions)"按钮,为断点设置一个表达式。当这个表达式发生改变时,程序就被中断。

数据断点：数据断点只能在"Breakpoints"对话框中设置。选择"Data"选项卡，显示设置数据断点的对话框。在编辑框中输入一个表达式，当这个表达式的值发生变化时，到达数据断点。一般情况下，这个表达式应该由运算符和全局变量构成。

消息断点：VC 也支持对 Windows 消息进行截获。有两种方式进行截获：即窗口消息处理函数和特定消息中断。在"Breakpoints"对话框中选择 Messages 选项卡，就可以设置消息断点。

② 程序运行到断点

选择主菜单"编译（Build）"中的"开始调试（Start Debug）"命令的下一级的"去（Go）"调试命令，或者单击"编译（Compile）"工具条上的 按钮，程序执行到第一个断点处程序将暂停执行，该断点处所在的程序行的左侧红色圆点上添加一个黄色箭头，此时，用户可方便地进行变量观察。继续执行该命令，程序运行到下一个相邻的断点。参考图 8。

③ 取消断点

只需在代码处再次按 F9 或者单击"编译"工具条上的按钮 。也可以打开"Breakpoints"对话框后，按照界面提示去掉断点。

（4）结束程序调试，返回程序编辑环境。

选择主菜单"Debug"中的"Stop Debugging"命令，或者单击"调试（Debug）"工具条上的 按钮，或者单击 Shift＋F5 键，可结束程序调试，返回程序编辑环境。

附录2 Linux下C语言开发环境介绍

1. 熟悉 Linux 图形桌面环境

开机启动 redhat 9.0,选择 GNOME 桌面管理器。进入系统后,出现如图 9 所示图形化界面。

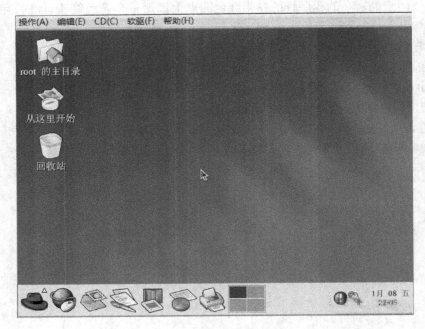

图9 Linux 图形桌面

该桌面通常包括4部分:屏幕顶部的桌面菜单、覆盖了屏幕中间部分的桌面、散布在桌面上的各种图标、以及屏幕底部的任务栏或控制面板。左键单击控制面板上的菜单按钮(红帽子图案或足形图标)即可弹出 GNOME 主菜单,因 GNOME 主菜单可由用户定制修改,所以每个机器可能不同。

(1) 通过主菜单可访问应用程序

Games(游戏)   显示许多可供娱乐的游戏。

Home Folder(主文件夹)   打开一个显示用户主目录的 Nautilus(文件管理器)窗口。

Lock Screen(锁定屏幕)   运行屏幕保护程序。

Log Out(注销)	弹出一个对话框让用户选择是要注销、关机还是重启。
Preferences(首选项)	点选 Control Center 可以从首选项窗口中的所有条目中进行选择,或者在菜单中直接点选自己关心的条目。
Run Program(运行程序)	弹出用来运行程序的 Run 对话框。用户可以输入带有选项/参数的命令行,可以选择在终端模拟器中运行程序。
System Settings(系统设置)	与 Start Here:System Settings 功能相同。
System Tools(系统工具)	列出诸如 CD Writer(CD 刻录工具)、Floppy Formatter(软盘格式化工具)、Hardware Browser(硬件浏览器)、Red Hat 网络接口、System Monitor(系统监视工具)、Terminal(终端)和 Task Scheduler(任务调度器)等工具。

(2) 启动终端

虽然 Linux 的图形化界面和 Windows 类似,但是它并不是 Linux 本身的一部分,它只是运行在 Linux 上的一个软件。运行该软件相当耗费系统资源,它会大大降低系统性能,同时还不能保证绝对的可靠性。因此,建议用户尽可能地使用 Linux 的命令行界面,也就是终端。点击任务栏上 Terminal Emulator 按钮或者从主菜单选择:系统工具→终端,即可启动终端。

2. 熟悉常用的 shell 命令

当用户登录到终端窗口时,就是和称为 shell 的命令解释程序进行通信。当用户在键盘上输入一条命令时,shell 程序将对命令进行解释并完成相应的操作。下面对 Linux 下常用的 shell 命令做个简单介绍,详细情况,请查阅相关资料。

(1) 目录操作命令

① mkdir　　创建目录

例如:mkdir /abc　　在根目录下创建 abc 目录

② cd　　改变工作目录

例如:cd /abc　　将工作目录改变到根目录下的 abc 目录

③ ls　　列出当前目录的内容

④ pwd　　显示当前目录的全路径

(2) 文件显示实现命令

① cat　　连接并显示文件内容

　　例如:cat file1.c　　显示当前目录下 file1.c 的内容

　　　　　cat file1.c file2.c　　连接 file1.c 和 file2.c 并显示连接后的内容

② more　　分屏显示文件内容

　　例如:cat file1.c　　分屏显示当前目录下 file1.c 的内容

(3) 文件管理命令

① cp　　将给出的文件或目录赋值到另一文件或目录中

　　例如:cp /my/a.c ./　　将/my 目录下的 a.c 文件复制到当前目录下

② mv　　为文件重命名或者将一个文件由一个目录移到另一个目录

　　例如:mv /my/a.c ./　　将/my 目录下的 a.c 文件移到当前目录下

③ rm　　删除文件或目录

　　例如:rm　/my/a.c　　将/my目录下的a.c文件删除

3. 熟悉vi编辑器

在编写文本或计算机程序时,需要创建文件、编辑内容或修改内容等操作,计算机文本编辑器就是用来完成这些工作的。

vi是Linux系统的第一个全屏交互式文本编辑程序,它从诞生至今一直受到广大用户的青睐,历经数十年仍然是人们主要使用的文本编辑器,足见其生命力之强。

vi有3种模式,分别为命令行模式、输入模式和底行模式。

(1) 命令行模式

用户在终端命令行上键入vi文件名时,此时进入命令行模式。在该模式下,通过命令可以进行光标移动、字符删除、整行删除或者复制、粘贴等操作,但无法编写文本。

① 切换到输入模式命令

i:切换到输入模式,且从目前光标所在之处插入所输入的文字。

a:切换到输入模式,且从目前光标所在的下一个字开始输入文字。

o:切换到输入模式,且在目前光标所在的下一行插入新的一行,从行首开始输入文字。

② 移动光标命令

h或←:向左移动一个字符

j或↓:向下移动一个字符

k或↑:向上移动一个字符

l或→:向右移动一个字符

数字0:光标移动当前行首

$:光标移到当前行尾

③ 删除、复制、粘贴命令

x:删除光标处的单个字符

dd:删除光标所在行

yy:复制当前整行的内容

yw 复制当前光标所在位置到单词尾字符的内容

p:将已复制的数据粘贴到光标的下一行

④ 撤销与恢复操作命令

u:取消最近一次的操作,可以使用多次来恢复原有的操作

Ctrl+R:恢复对使用u命令的操作

(2) 输入模式

在命令行模式下,键入i、a或者o进入插入模式。在插入模式下,vi把用户所输入的内容都当成文本信息,并将它们显示在屏幕上。用户按ESC键回到命令行模式。

(3) 底行模式

在命令行模式下,键入:就进入底行模式。在该模式下,光标位于屏幕底行。用户可以通过命令进行文件保存或退出操作也可以设置编辑环境,如显示行号。如果进行的是非退出操作,按回车键,又可以回到命令行模式。

w：将编辑的数据写入硬盘
q：离开 vi
q!：强制离开，不存储
wq：存储后离开
set nu：显示行号
set nonu：取消行号显示
vi 三种模式的转换图如图 10 所示：

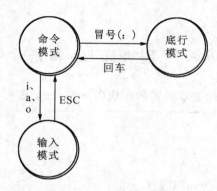

图 10　vi 三种模式的转换

vi 下程序录入过程如下：
① 终端命令行上输入 vi　aaa.c 回车，进入 vi 命令模式
② 输入 i 回车，进入输入模式，输入 C 源程序(或文本)
③ 按 ESC 回车，回到命令模式
④ 输入:wq 回车，保存文件并退出 vi

4. 熟悉 gcc 编译器

在 Linux 中通常使用的 C 编译器是 GNU CC 简称为 gcc。gcc 是 GNU 项目中符合 ANSI C 标准的编译系统，能够编译用 C,C++和 Object C 等语言编写的程序。gcc 编译器把源程序编译生成目标代码的任务分为以下 4 步：
① 预处理：把预处理命令扫描处理完毕；
② 编译：把预处理后的结果编译成汇编语言程序；
③ 汇编：把编译出来的结果汇编成具体 CPU 上的目标代码文件；
④ 连接：把多个目标代码文件连接生成一个大的目标文件。

(1) 使用语法

gcc [选项] 要处理的文件 [选项] [目标文件]

其中[]表示该项是可选的。gcc 的选项有很多类，这类选项控制着 GCC 程序的运行，以达到特定的编译目的，下面介绍几个最基本的。

(2) gcc 选项

gcc 的选项有很多类，这类选项控制着 gcc 程序的运行，以达到特定的编译目的。

① -E

只把源文件进行预处理之后的结果输出来，不做编译，汇编，连接的动作。

② -S

把源文件编译成汇编代码，不做汇编和连接的动作。

③ -c

把源文件编译成目标代码，不做连接的动作。

④ -o

指明输出文件名。

(3) 应用举例

下面举一个具体的例子来说明一下如何使用 gcc 编译一个 C 源程序生成可执行的目标程序。

第一步，使用 vi 或者其他文本编辑器生成以下 hello.c 源程序。

```
#include <stdio.h>
   int main( )
   {
       printf("Hello world!");
       return 0;
   }
```

第二步，对源程序进行预处理。

在终端的命令行上输入 gcc -E helllo.c -o hello.i

第三步，对预处理后的程序进行编译。

在终端的命令行上输入 gcc -S helllo.i -o hello.s

第四步，对编译后的程序进行汇编。

在终端的命令行上输入 gcc -c helllo.s -o hello.o

第五步，对汇编后的程序进行链接。

在终端的命令行上输入 gcc helllo.o -o hello

第六步，经链接后生成的 hello 文件就是可执行的文件了，运行该文件。

在终端的命令行上输入 ./hello 就可以看到输出结果 Hello world!。在实际使用 gcc 编译器时，通常把第二步到第五步并为一步 gcc helllo.c -o hello。

5. 熟悉 make 工程管理器

所谓工程管理器，顾名思义，就是指管理工程的工具。假设有一个工程，它由上百个文件构成，如果要把它编译成一个可执行文件，按照之前所讲的 gcc 编译器，那就不得不把所有的文件一个一个地编译，并且如果其中一个或者少数几个文件进行了修改，那么所有的文件都得重新编译一遍。显然，这既会出现重复输入冗长的命令行，也会非常耗时。由此，工程管理器就应运而生了。

make 工程管理器是一个"自动编译管理器"。它通过读入 makefile 文件的内容来执行大量的编译工作而用户只需要编写一些简单的编译语句就可以了。同时，它能够根据文件时间戳自动发现哪些是更新过的文件,进而只重新编译更新过的文件,从而减少编译的工作量。因此,它大大地提高了实际项目的工作效率。

(1) 了解 makefile 文件

makefile 文件是 make 读入的唯一配置文件。makefile 文件是一个文本形式的数据库文件。它包含了一些规则,告诉 make 编译哪些文件,怎样编译以及在什么条件下去编译,甚至进行更复杂的功能操作。makefile 中通常包括如下内容:

- 需要有 make 工具创建的目标体(target),通常是目标文件或者可执行文件;
- 要创建的目标体所依赖的文件(dependency_file);
- 创建目标时所需要的命令(command)。

它的格式为:

target: dependency_file[dependency_file [...]]
　　command
　　[command]

一个目标体可以依赖多个文件,创建目标体的命令也可以有多条。注意:每条命令占一行且每条命令前必须有制表符"Tab"。如果使用空格,在运行 make 命令时会报错。

要让系统自动读入 makefile 文件内容并执行其中的 command 语句,则需要执行 make 命令。make 命令的格式为:make target。这样系统自动读入 makefile 文件,找到 target 所依赖的文件并执行相应的 command 语句,最后生成 target 文件。

(2) 应用举例

下面举一个简单的例子来说明如何使用 make 工程管理器。假设有一个工程它由两个文件 hello.h 和 hello.c 构成。

第一步,在 hello.c 和 hello.h 所在的目录下创建 makefile 文件。

在终端的命令行上输入 vi　makefile

makefile 文件的内容如下:

hello: hello.c　hello.h
　　gcc hello.c　-o　hello

hello 是目标体文件名,目标体文件名根据需要可以自行命名。makefile 文件名最好命名为 makefile 或者 Makefile。否则,在执行 make 命令时,需要增加选项。

第二步,执行 make 命令。

在终端的命令行上输入 make　hello

这样就可以生成可执行文件 hello 了。

6. 掌握 Linux 下 C 程序编辑运行过程

Linux 下编写 C 程序一般要经过以下几个步骤:

第一步,使用文本编辑器创建 C 源程序文件。

第二步,创建 makefile 文件。

第三步,执行 make 命令。

第四步,执行由 make 命令所生成的可执行文件。

下面举一个具体例子来说明一下,如何操作。

(1) 编写 c1.c。在终端命令行上输入 vi c1.c

```
#include <stdio.h>
#include "c1.h"
    int main()
    {
        printStar();
        return 0;
    }
    void printStar()
    {
        printf("**************************\n");
    }
```

(2) 编写 c1.h。在终端命令行上输入 vi c1.h

```
void printStar();
```

(3) 编写 makefile。在终端命令行上输入 vi makfile

```
c1:  c1.h  c1.c
    gcc  c1.c  -o  c1
```

(4) 执行 make 命令。在终端命令行上输入 make c1
(5) 运行可执行文件 c1。在终端命令行上输入 ./c1
这样，就可以在屏幕上看到输出的结果了。

附录3 常见的编译和链接错误提示

C语言的功能强,使用方便灵活,所以得到了广泛的应用。但是要真正学好C,用好C并不容易。尤其对于初学者出错是在所难免的。

如果程序有语法或连接错误,编译器会在编译和链接阶段报错并给出相应的错误提示。如果能看懂这些提示的话,会起到事半功倍的作用。下面列举一些初学者经常会遇到的错误提示,并给出错误分析,以供参考。

一、VC++6.0下的常见错误提示

1. error:'xxx': undeclared identifier

直译:标识符"xxx"未声明。

错误分析:

首先,解释一下什么是标识符。标志符是程序中出现的除关键字之外的一串字符,通常由字母、数字和下划线组成,不能以数字和下划线开头,不能与关键字重复,并且区分大小写。变量名、函数名、类名、常量名等等,都是标志符。所有的标识符都必须先定义,后使用。标识符有很多种用途,所以错误也有很多种原因。

(1) 如果"xxxx"是一个变量名,那么通常是程序员忘记了定义这个变量,或者拼写错误、大小写错误所引起的,所以,首先检查变量名是否正确。(关联:变量,变量定义)

(2) 如果"xxxx"是一个函数名,那就怀疑函数是否没有定义也就是你所调用的函数根本不存在。也有可能是函数名拼写错误或大小写错误。还有一种可能,你写的函数在你调用此函数之后,而你又没有在调用之前对函数原形进行声明。(关联:函数声明与定义,函数原型)

(3) 如果"xxxx"是一个库函数的函数名,比如"sqrt"、"fabs",那么看看你在.c或.cpp文件开始是否包含了这些库函数所在的头文件(.h文件)。例如,使用"sqrt"函数需要头文件 math.h。(关联:#include)

(4) 如果"xxxx"是一个结构体或共用体名,那么表示这个结构体或共用体没有定义,可能依然是:根本没有定义这个结构体或共用体,或者拼写错误,或者大小写错误,或者缺少头文件,或者结构体或共用体的使用在声明之前。(关联:结构体或共用体,结构体或共用体定义)

(5) 标志符遵循先声明后使用的原则。所以,无论是变量、函数、结构体或共用体,都必须先定义,后使用。如使用在前,声明在后,就会引发这个错误。

(6) C的作用域也会成为引发这个错误的陷阱。在花括号之内的变量,是不能在这个花括号之外使用的。函数、if、do(while)、for 所引起的花括号都遵循这个规则。(关联:作用域)

(7) 前面某句语句的错误也可能导致编译器误认为后面相关语句有错。如果你前面的

变量定义语句有错误，编译器在后面的编译中会认为该变量从来没有定义过，以致后面所有使用这个变量的语句都报这个错误。如果函数声明语句有错误，那么将会引发同样的问题。

2. error：'xxx'：redefinition

直译："xxx"重复声明。

错误分析：

变量"xxxx"在同一作用域中定义了多次。检查"xxxx"的每一次定义，只保留一个，或者更改变量名。

3. error：missing ';' before (identifier) 'xxx'

直译：在（标志符）"xxx"前缺少分号。

错误分析：

这是 VC6.0 的编译期最常见的误报，当出现这个错误时，往往所指的语句并没有错误，而是它的上一句语句发生了错误。其实，更合适的做法是编译器报告在上一句语句的尾部缺少分号。上一句语句的很多种错误都会导致编译器报出这个错误：

（1）上一句语句的末尾真的缺少分号，那么补上就可以了。

（2）上一句语句不完整，或者有明显的语法错误，或者根本不能算上一句语句（有时候是无意中按到键盘所致）。

（3）如果发现发生错误的语句是.c 文件的第一行语句，在本文件中检查没有错误，但其使用双引号包含了某个头文件，那么检查这个头文件，在这个头文件的尾部可能有错误。

4. error：newline in constant

直译：在常量中出现了换行。

错误分析：

（1）字符串常量、字符常量中是否有换行。

（2）在这句语句中，某个字符串常量的尾部是否漏掉了双引号。

（3）在这语句中，某个字符串常量中是否出现了双引号字符"""，但是没有使用转义符""\""。

（4）在这句语句中，某个字符常量的尾部是否漏掉了单引号。

（5）是否在某句语句的尾部，或语句的中间误输入了一个单引号或双引号。

5. error：too many characters in constant

直译：字符常量中的字符太多了。

错误分析：

单引号表示字符型常量。一般的，单引号中必须有且只能有一个字符（使用转义符时，转义符所表示的字符当作一个字符看待），如果单引号中的字符数多于 4 个，就会引发这个错误。

另外，如果语句中某个字符常量缺少右边的单引号，也会引发这个错误，例如：

if (x == 'x || x == 'y') { … }

值得注意的是，如果单引号中的字符数是 2～4 个，编译不报错，输出结果是这几个字母的 ASCII 码作为一个整数（int，4B）整体看待的数字。

6. error：empty character constant

直译：空的字符定义。

错误分析：

原因是连用了两个单引号，而中间没有任何字符，这是不允许的。

7. error: unknown character '0x♯♯'

直译：未知字符'0x♯♯'。

错误分析：

0x♯♯是字符ASCII进制表示法。这里说的未知字符，通常是指全角符号、字母、数字，或者直接输入了汉字。如果全角字符和汉字用双引号包含起来，则成为字符串常量的一部分，是不会引发这个错误的。

8. error: illegal digit '♯' for base '8'

直译：在八进制中出现了非法的数字'♯'（这个数字♯通常是8或者9）。

错误分析：

如果某个数字常量以"0"开头（单纯的数字0除外），那么编译器会认为这是一个八进制数字。例如："089"、"078"、"093"都是非法的，而"071"是合法的，等同于是十进制中的"57"。

9. error: 'xxxx': redefinition; multiple initialization

直译："xxxx"重复声明，多次初始化。

错误分析：

变量"xxxx"在同一作用域中定义了多次，并且进行了多次初始化。检查"xxxx"的每一次定义，只保留一个，或者更改变量名。

10. error: 'xxx': must return a value

直译："xxx"必须返回一个值。

错误分析：

函数声明了有返回值（不为void），但函数实现中忘记了return返回值。要么函数确实没有返回值，则修改其返回值类型为void，要么在函数结束前返回合适的值。

11. warning: 'main': function should return a value; 'void' return type assumed

直译：main函数应该返回一个值；void返回值类型被假定。

错误分析：

（1）函数应该有返回值，声明函数时应指明返回值的类型，确实无返回值的，应将函数返回值声明为void。若未声明函数返回值的类型，则系统默认为整型int。此处的错误估计是在main函数中没有return返回值语句，而main函数要么没有声明其返回值的类型，要么声明了。

（2）warning类型的错误为警告性质的错误，其意思是并不一定有错，程序仍可以被成功编译、链接，但可能有问题、有风险。

12. warning: local variable 'xxx' used without having been initialized

直译：警告局部变量"xxx"在使用前没有被初始化。

错误分析：

这是初学者常见的错误，例如以下程序段就会造成这样的警告，而且程序的确有问题，应加以修改，尽管编译、链接可以成功——若不修改，x的值到底是多少无法确定，是随机的，判断其是否与3相同没有意义，在运气不好的情况下，可能在调试程序的机器上运行时，结果看起来是对的,但更换计算机后再运行,结果就不对,初学者往往感到迷惑。

  int i;
  if(i = = 3){……}

13. error：unresolved external symbol _main

  直译:未解决的外部符号:_main。

  错误分析:缺少 main 函数。看看 main 的拼写或大小写是否正确还是忘记写 main 函数了。

14. error：unresolved external symbol _xxx

  直译:未解决的外部符号:_xxx。

  错误分析:缺少 xxx 函数的定义。看看 xxx 的拼写、大小写是否正确还是忘记定义了。

15. error：_main already defined in xxxx.obj

  直译:_main 已经存在于 xxxx.obj 中了。

  错误分析:

  直接的原因是该程序中有多个(不止一个)main 函数。这是初学 C 语言者在初次编程时经常犯的错误。这个错误通常不是你在同一个文件中包含有两个 main 函数,而是在一个 Project(项目)中包含了多个.c 或.cpp 文件,而每个.c 或.cpp 文件中都有一个 main 函数。引发这个错误的过程一般是这样的:你完成了一个 C 程序的调试,接着你准备写第二个 C 文件,于是你可能通过右上角的关闭按钮关闭了当前的.c 或.cpp 文件字窗口(或者没有关闭,这一操作不影响最后的结果),然后通过菜单或工具栏创建了一个新的.c 或.cpp 文件,在这个新窗口中,程序编写完成,编译,然后就发生了以上的错误。原因是这样的:你在创建第二个.cpp 文件时,没有关闭原来的项目,所以你无意中新的.c 或.cpp 文件加入你上一个程序所在的项目。切换到"File View"视图,展开"Source Files"节点,你就会发现有两个文件。

  在编写 C 程序时,一定要理解什么是 Workspace、什么是 Project。每一个程序都是一个 Project(项目),一个 Project 可以编译为一个应用程序(*.exe),或者一个动态链接库(*.dll)。通常,每个 Project 下面可以包含多个.c 或.cpp 文件,.h 文件,以及其他资源文件。在这些文件中,只能有一个 main 函数。初学者在写简单程序时,一个 Project 中往往只会有一个.c 或.cpp 文件。Workspace(工作区)是 Project 的集合。在调试复杂的程序时,一个 Workspace 可能包含多个 Project,但对于初学者的简单的程序,一个 Workspace 往往只包含一个 Project。

  当完成一个程序以后,写另一个程序之前,一定要在"File"菜单中选择"Close Workspace"项,要完全关闭前一个项目,才能进行下一个项目。避免这个错误的另一个方法是每次写完一个 C 程序,都把 VC++6.0 彻底关掉,然后重写打开 VC++6.0,写下一个程序。

二、gcc 和 makefile 下的常见错误提示

1. makefile:2：* * * missing separator. Stop.

  直译:缺少分隔符,停止。

  错误分析:

makefile 中 gcc 语句前缺少一个 tab 分割符。

2. make：* * * No targets specified and no makefile found. Stop.

直译：没有指定目标并且没找到 makefile 文件，停止。

错误分析：

当我们在命令行下使用 make 时，该指令会自动搜寻所在目录下的 makefile 文件，如果使用其他名称如(makefile.am)则应加参数指出，如：make －f makefile.am。

3. error：no such file or directory

直译：没有相应的文件或目录。

错误分析：

在编译器的搜索路径上找不到需要的文件。检查一下文件名是否写错了，或者文件所存放的目录有没有添加到系统目录或连接目录中。

4. error：parse error befor '…'

直译：在 '…' 语句前解析错误。

错误分析：

通常是编译器遇到了未期望的输入。如：不合法的字符串序列，此错误也可能因为丢失花括号、圆括号或分号、或写了非法的保留字而引发的。

5. error：two or more data types in declaration specifiers

直译：在声明标识符中存在多种数据类型。

错误分析：

通常是因为在程序中少了一个";"。这有可能是在头文件里，也有可能是在本文件中（最容易出错的是在结构体中忘了";"）。

6. error：parse error at end of input

直译：在文件尾部解析错误。

错误分析：

通常是在程序中存在没有配对的花括号{}或注解/**/。

7. error：'XXX' undeclared (first use in this function)

直译：标识符"xxx"未声明（第一次使用该变量）。

错误分析：

见 VC＋＋6.0 下的常见错误提示中的 1。

8. error：stray '\XXX' in program

直译：程序中有游离的 '\XXX'。

错误分析：

这个错误一般是由于你程序中使用了中文的标点符号，比如；,},＋。改成英文的就行了。甚至有时候空格也会出现类似错误，删掉该空格重新输入。如果找不出来，解决的办法就是关闭中文输入法然后把有错这一行重新敲一遍。

9. warning：incompatible implicit declaration of built-in function 'XXX' [enabled by default]

直译：隐式声明与内建函数 'XXX' 不兼容。

错误分析：

没有对 XXX 函数进行声明，而调用了该函数。检查一下头文件有没被包含或者文件名是否正确，还是忘记提供用户自定函数的原型。

10. warning：suggest parentheses around assignment used as truth value

直译：建议用圆括号扩上用于逻辑值的赋值表达式。

错误分析：

该警告强调潜在的语义错误，程序在条件语句或其他逻辑表达式测试中使用了赋值操作符"＝"而不是比较操作符"＝＝"。在语法上，赋值操作符可以作为逻辑值使用，但在实践中很少用。

11. warning：unknown escape sequence 'XXX'

直译：未知的转义序列。

错误分析：

使用了不正确的转义字符。

12. error：unterminated string or character constant

直译：未终止的字符串或字符常量。

错误分析：

该错误是因为使用了字符串或字符常量而缺少配对的引号而产生的。

13. warning：unused variable 'XXX'

直译：'XXX'变量没被使用。

错误分析：

该警告指示程序中存在定义了变量'XXX'，但在其他地方从来没有使用过它。检查一下是不是真的不需要该变量还是在预期的地方把该变量写成了其他的变量名了。

14. error：initalizer element is not a constant

直译：初始化元素不是常量。

错误分析：

在 C 中，全局变量只能在初始化时用常量来赋值，而不能用变量来赋值。否则，就会引起此种错误。

15. error：file not recognized：file format not recognized

直译：文件不可识别，文件格式不可识别。

错误分析：

通常是文件的扩展名不是".c"引起的。将文件重命名为合适的扩展名。

16. error：undefined reference to 'XXX'

直译：没用定义对'XXX'的引用。

错误分析：

程序中使用了本文件和其他库中没有定义的函数或变量。也有可能是丢失了链接库，或使用了不正确的名字。

参考文献

[1] 谭浩强.C语言程序设计(第三版).北京:清华出版社,2007.
[2] 姜灵芝,余健.C语言课程设计案例精编.北京:清华出版社,2008.
[3] redsnowbd.gcc常见错误解析.
    http://wenku.baidu.com/view/01f99435f111f18583d05a47.html,2011-05-18
[4] admin.VC6.0常见编译错误提示.
    http://see.xidian.edu.cn/cpp/html/746.html,2012-04-25

图书在版编目(CIP)数据

C语言程序设计实验指导 / 王燕主编. — 南京：南京大学出版社，2012.12(2017.8重印)
应用型本科院校计算机类专业校企合作实训系列教材
ISBN 978-7-305-10924-9

Ⅰ.①C… Ⅱ.①王… Ⅲ.①C语言－程序设计－高等学校－教学参考资料 Ⅳ.①TP312

中国版本图书馆 CIP 数据核字（2012）第 301313 号

出版发行	南京大学出版社
社　　址	南京市汉口路 22 号　　邮编 210093
出 版 人	金鑫荣
丛 书 名	应用型本科院校计算机类专业校企合作实训系列教材
书　　名	C语言程序设计实验指导
主　　编	王　燕
责任编辑	樊龙华　单　宁　　编辑热线　025-83597482
照　　排	南京理工大学资产经营有限公司
印　　刷	虎彩印艺股份有限公司
开　　本	787×1092　1/16　印张 6　字数 142 千
版　　次	2012 年 12 月第 1 版　2017 年 8 月第 2 次印刷
ISBN	978-7-305-10924-9
定　　价	16.00 元
网　　址	http://www.njupco.com
官方微博	http://weibo.com/njupco
官方微信号	njupress
销售咨询热线：(025)83594756	

* 版权所有，侵权必究
* 凡购买南大版图书，如有印装质量问题，请与所购图书销售部门联系调换